目　次

JN132187

入試出題形式別問題集の使い方〔数学〕

1．はじめに
- この問題集は，新潟県公立高校入試を目指す皆さんが，自宅で効率よく学習を進められるように，「新潟県統一模試」で出題された問題を単元別にまとめたものです。
- この問題集のポイントは，単元別に問題構成されている点にあります。「不得意な単元の克服」「得意な単元のさらなる得点力ＵＰ」のためには，同種類の問題を集中的に練習することが効果的です。

2．問題集の構成
  ①「解法の要点」 単元別に重要な公式やポイントを解説しています。
  ②「問題」   単元別に問題が構成されています。
         （計算問題，基本問題，場合の数と確率，規則性，関数と図形，
                     平面図形，空間図形，会話文形式）
  ③「解答・解説」 解き方や考え方が詳しく解説されています。

3．具体的な使用方法
  使用方法として，2つの具体例を記載します。他にも様々な使い方がありますので，工夫して使用してください。

≪不得意な単元を克服したい場合≫
  ①不得意な単元を洗い出そう！
   各単元の問題を確認しながら，「設問内容がよくわからない」「解き方が想像つかない」など，自力で解くのは難しいと思われるものにチェックを入れていきます。
  ②チェックがついた問題の考え方や解き方を確認しよう！
   問題を見ながら，解答解説と照らし合わせて，考え方や解き方を習得します。その際，解答解説の内容を目で追うだけではなく，具体的に書き出してみることが大切です。このとき，書いている内容が十分理解できないときもあります。その場合は，周りの人や先生に質問しましょう。
  ③理解を定着させよう！
   しばらく経ってからもう一度解いてみると，理解できたはずの考え方や解き方を忘れてしまっていることが珍しくありません。自力で解けるようになるまで，粘り強く習得することが大切です。くり返しやって理解が定着すると，同種類の問題への対応力がアップします。

≪得意な単元の得点力をさらにＵＰしたい場合≫
  ① 問題演習のときは制限時間を決めよう！
   制限時間があると緊張感が高まり，わかっているはずの解き方が思いつかなかったり，普段しないような計算ミスなどが起こりがちです。プレッシャーがかかる試験本番を想定し，時間を決めて問題演習することが入試本番への試験対策になります。
  ② "解き方"へのこだわり
   解答の○×だけで判断するのではなく，解説に書かれている解き方やそれを導くための考え方などを確認します。自分の解き方との違いをチェックすることで，理解がさらに深まります。

4．問題の使用時期
  問題が解くことが可能な時期について，巻末の一覧表にまとめています。ただし，学習進度の違いもありますので，その場合は使用時期を調整してください。

計　算　問　題

計算問題

《解法の要点》

　計算問題においては，以下の内容の出題が考えられる。基本的な計算力をみる問題で，必ず得点したいところである。計算ミスを防ぐために，途中の計算式を省略せずに書くようにしよう。

●小学校の計算

　例年，最初の問題に小学校で習った小数や分数の計算が出題されている。

　・小数のかけ算，わり算・・・位取り（答えの小数点の位置）を間違えないようにしよう。

　・分数のたし算，ひき算・・・通分するときの分子へのかけ忘れや，答えの約分忘れに注意しよう。

●正負の数の計算

　・乗法，除法・・・最初に符号を決めてから計算しよう。負の数が偶数個のときは「＋」なので，省略できる。負の数が奇数個のときは「−」となる。

　・四則の計算・・・乗法，除法を先に計算してから，加法，減法をする。

　・（　　　）がある場合・・・（　　　）の中を先に計算する。

●式の計算

　・乗法，除法・・・正負の数の計算と同じように，最初に符号を決めてから計算しよう。

　・四則の計算・・・分配法則を使って（　　　）をはずすとき，符号に注意する。

　　〈分配法則〉　$m(a+b)=ma+mb$

　　〈例〉　$-(a-b)=-a+b$

　・$5a-a=5$としないように。$5a-a=5a-\underline{1}a=(5-1)a=4a$　　文字の前の$\underline{1}$が省略されている。

●式の展開と因数分解

　・展開・・・4つの乗法公式のうち，どの公式が使えるかを最初に判断しよう。

　・因数分解・・・展開の反対の作業である。乗法公式を利用して因数分解する。また，乗法公式が直接使えないときは，分配法則を使って，共通因数でくくってから（　　　）の中を因数分解しよう。

　　〈乗法公式〉

　　　・$(x+a)(x+b)=x^2+(a+b)x+ab$

　　　・$(x+a)^2=x^2+2ax+a^2$

　　　・$(x-a)^2=x^2-2ax+a^2$

　　　・$(x+a)(x-a)=x^2-a^2$

●平方根の計算

- 乗法, 除法・・・$\sqrt{}$ の外の数どうし, $\sqrt{}$ の中の数どうしを計算する。$\sqrt{}$ の中の数を小さくできるときは, 最も小さい数にする。

- 加法, 減法・・・$\sqrt{}$ の中の数を最も小さい数にして, $\sqrt{}$ の中の数が同じになるときは, 式の計算と同じようにまとめる。

- 分母の有理化・・・分母と分子に同じ数をかけて, 分母に $\sqrt{}$ を含まない形にする。

〈根号の性質〉

- $\sqrt{a} \times \sqrt{b} = \sqrt{ab}$

- $\sqrt{\dfrac{a}{b}} = \dfrac{\sqrt{a}}{\sqrt{b}} = \dfrac{\sqrt{ab}}{b}$

- $\sqrt{a^2 b} = a\sqrt{b}$

- $m\sqrt{a} + n\sqrt{a} = (m+n)\sqrt{a}$

※有理数と無理数

- 有理数・・・分数で表される数。整数 a と0でない整数 b を使って, $\dfrac{a}{b}$ と分数の形で表すことができる数が有理数である。

〈例〉 $4,\ -3,\ 3.4,\ -\dfrac{1}{3}$

- 無理数・・・分数で表すことができない数。

〈例〉 $\pi,\ \sqrt{3},\ -\sqrt{6}$

●1次方程式

- 等式の性質を利用して解く。
- 移項, 整理し, $ax = b$ の形にしてから両辺を a でわる。

〈等式の性質〉

$a = b$ のとき,

- $a + c = b + c$

- $a - c = b - c$

- $ac = bc$

- $\dfrac{a}{c} = \dfrac{b}{c}\ (c \neq 0)$

●比例式

$a : b = m : n$ ならば, $an = bm$

●連立方程式

・加減法による解き方

① 2つの式のxまたはyの係数をそろえるため，一方の式または両方の式に数をかける。

② 2つの式をたすかひいて，xの項またはyの項をなくし，1次方程式の形にする。

③ ②の1次方程式を解く。

④ ③の解をもとの2つの方程式のうち，どちらかに代入して他の解を求める。

〈例〉 $\begin{cases} 2x+y=2\cdots(1) \\ x-5y=23\cdots(2) \end{cases}$ を解く。

① (2)の式の両辺に2をかけると，$2x-10y=46\cdots(3)$

② (1)−(3)より，$y-(-10y)=2-46,\ 11y=-44$

③ ②の1次方程式を解くと，$y=-4$

④ ③の解を(1)に代入すると，$2x-4=2,\ 2x=6,\ x=3$

よって，$(x,\ y)=(3,\ -4)$

・代入法による解き方

① $y=\sim$または$x=\sim$の形の式があるときは，その式を他方の式に代入して，1次方程式の形にする。

② ①の1次方程式を解く。

③ ②の解を$y=\sim$または$x=\sim$の式に代入して他の解を求める。

〈例〉 $\begin{cases} y=3x+8\cdots(1) \\ x+3y=14\cdots(2) \end{cases}$ を解く。

① (1)の式を(2)の式に代入すると，$x+3(3x+8)=14,\ x+9x+24=14$

② ①の1次方程式を解くと，$10x=-10,\ x=-1$

③ ②の解を(1)に代入すると，$y=3\times(-1)+8=5$

よって，$(x,\ y)=(-1,\ 5)$

●2次方程式

・因数分解による解き方

① 移項, 整理して, $x^2 + ax + b = 0$ の形にする。

② 左辺を因数分解して, $(x+c)(x+d) = 0$ の形にする。

③ ②より, $x = -c$, $x = -d$ が解になる。

〈例〉 $x^2 - 5x + 8 = 2(x-1)$

$\qquad x^2 - 5x + 8 = 2x - 2$

$\qquad x^2 - 7x + 10 = 0$

$\qquad (x-2)(x-5) = 0$

$\qquad\qquad x = 2,\ 5$

・平方根の考えを利用する解き方

① 式を変形して $(x+a)^2 = b$ の形にする。

② ①より, $x + a = \pm\sqrt{b}$ だから, $x = -a \pm\sqrt{b}$ が解になる。

・解の公式による解き方

2次方程式 $ax^2 + bx + c = 0$ の解は $x = \dfrac{-b \pm\sqrt{b^2 - 4ac}}{2a}$

〈例〉 $2x^2 - 5x + 1 = 0$

$$x = \frac{-(-5) \pm\sqrt{(-5)^2 - 4\times2\times1}}{2\times2}$$

$$x = \frac{5 \pm\sqrt{17}}{4}$$

小学校の計算

〔1〕 次の(1)〜(5)の計算をしなさい。

(1) $\dfrac{5}{6} - \dfrac{5}{8}$

(2) $\dfrac{3}{2} - \dfrac{1}{3}$

(3) $6 - \dfrac{2}{3}$

(4) $6 - 4 \div 2$

(5) $5 + 8 \times \dfrac{1}{2}$

正負の数の計算

〔2〕 次の(1)〜(20)の計算をしなさい。

(1) $5 - 7$

(2) $-2 + 7$

(3) $-8 + 2$

(4) $-4 + (-8)$

(5) $(-21) - (-3)$

(6) $-9 + 3 - 5$

(7) $\dfrac{1}{4} - \dfrac{2}{3}$

(8) $\dfrac{3}{4} - \dfrac{4}{5}$

(9) $-2 - \left(-\dfrac{1}{3}\right)$

(10) $-8 - \left(-\dfrac{1}{2}\right)$

(11) $(-3)^2 + 6$

(12) $-2 - (-2)^2$

(13) $5 \times (3 - 6)$

(14) $5 - 3 \times 4$

(15) $12 + 3 \times (-5)$

(16) $(-3) \times 8 - 17$

(17) $12 \div (-3) + 3$

(18) $(-3)^2 - (-18) \div 6$

(19) $\dfrac{2}{3} \times (-6)^2$

(20) $7 - \left(-\dfrac{3}{4}\right) \times (-2)^2$

式の計算

〔**3**〕 次の(1)～(15)の計算をしなさい。

  (1) $-8x+4(2x-5)$

  (2) $2(4+x)-3(x-1)$

  (3) $6a+2b-3(a-4b)$

  (4) $(-3x)^2 \times 2x$

  (5) $10xy \div (-2x)$

  (6) $4(x-y)+3(x+5y)$

  (7) $4(x-2y)+(-x+3y)$

  (8) $5 \times 2ab^2 \div 4ab$

  (9) $a^3b \div a^2 \times b$

  (10) $6x \times xy^2 \div 2xy$

  (11) $3x - \dfrac{1-x}{2}$

  (12) $\dfrac{2(x+1)}{3} - \dfrac{x-1}{6}$

  (13) $9xy \times \dfrac{5}{3}x^2y \div 5x^2y^2$

  (14) $(-6x) \times 4xy \div (-2x)^2$

  (15) $(-8x^2y) \div (-2xy) - 3x$

式の展開と因数分解

〔**4**〕 次の(1)～(20)の問いに答えなさい。

  (1) $(a+5)(a-3)$ を展開しなさい。

  (2) $(a-2b)^2$ を展開しなさい。

  (3) $(4x+y)(2x-5y)$ を計算しなさい。

  (4) x^2+x-72 を因数分解しなさい。

  (5) $x^2-3x-10$ を因数分解しなさい。

  (6) $(x+9)(x-3)-6(x-3)$ を計算しなさい。

  (7) $4(x+1)-(x-2)^2$ を計算しなさい。

  (8) $2x^2-4x-6$ を因数分解しなさい。

  (9) $2x^2y-4xy^2$ を因数分解しなさい。

  (10) $ax^2+8ax+16a$ を因数分解しなさい。

  (11) $(x-2)(x+7)-(x+5)(x-5)$ を計算しなさい。

(12) $(x+2y)(x-3y)-2x(x+y)$　を計算しなさい。

(13) $\dfrac{25}{4}-x^2$　を因数分解しなさい。

(14) $(x+4)(x-9)+5x$　を因数分解しなさい。

(15) $(a^2-ab)-(ab-a^2)$　を因数分解しなさい。

(16) $(x-y+5)^2$　を展開しなさい。

(17) $(a+2b+1)(a-2b-1)$　を展開しなさい。

(18) $(x+y)^2-4$　を因数分解しなさい。

(19) $ab-a-b^2+b$　を因数分解しなさい。

(20) $(x-4)^2+8(x-4)-33$　を因数分解しなさい。

平方根の計算

〔5〕　次の(1)〜(15)の計算をしなさい。

(1) $\sqrt{2}+\sqrt{18}$

(2) $6\sqrt{2}-\sqrt{8}$

(3) $\sqrt{45}-2\sqrt{20}$

(4) $2\sqrt{3}+\dfrac{3}{\sqrt{3}}$

(5) $\sqrt{8}-\dfrac{6}{\sqrt{2}}$

(6) $2\sqrt{2}\times\sqrt{24}-\sqrt{27}$

(7) $\sqrt{15}\div\sqrt{5}-2\sqrt{3}$

(8) $\sqrt{12}-3\sqrt{2}\times\sqrt{6}$

(9) $\sqrt{8}+\dfrac{4}{\sqrt{2}}-\sqrt{18}$

(10) $\dfrac{8}{\sqrt{2}}-2\sqrt{3}\times\sqrt{6}$

(11) $\sqrt{3}(\sqrt{6}+1)-3\sqrt{2}$

(12) $-4\left(\dfrac{3}{2\sqrt{3}}-\sqrt{27}\right)$

(13) $(\sqrt{5}-2)^2$

(14) $(2\sqrt{2}-\sqrt{6})^2$

(15) $(\sqrt{7}+2\sqrt{3})(\sqrt{7}-2\sqrt{3})$

平方根，有理数と無理数

〔6〕 次の(1)～(3)の問いに答えなさい。

(1) $3 < \sqrt{a} < 4$ となるような自然数aの値を，すべて求めなさい。

(2) $\sqrt{40n}$ が自然数になるような，最も小さい自然数nの値を求めなさい。

(3) 次のア～エの数の中から無理数を選び，記号で答えなさい。

ア $\sqrt{5}$　　イ 0.14　　ウ $\sqrt{36}$　　エ -2

1次方程式

〔7〕 次の(1)～(10)の方程式を解きなさい。

(1) $5x - 60 = 2x$

(2) $3x - 2 = 7x + 6$

(3) $-\dfrac{3}{4}x = \dfrac{1}{2}$

(4) $8 - (x - 4) = 2x$

(5) $9 - 3(1 - x) = 24$

(6) $0.6x + 0.2 = 0.1x - 0.3$

(7) $\dfrac{2}{3}(x - 3) = -6$

(8) $\dfrac{1 - 2x}{3} = \dfrac{x + 1}{2}$

(9) $\dfrac{x - 5}{4} = \dfrac{2x + 5}{3}$

(10) $2\left(x + \dfrac{3}{2}\right) = 12\left(\dfrac{3}{4}x - \dfrac{1}{3}\right)$

比例式

〔8〕 次の(1)～(5)の式のxの値を求めなさい。

(1) $x : 9 = 8 : 3$

(2) $14 : 21 = 12 : x$

(3) $5 : 3 = 4 : (x + 2)$

(4) $5 : (9 - x) = 2 : 3$

(5) $(2x + 1) : 3 = (3x + 4) : 5$

連立方程式

〔**9**〕 次の(1)～(8)の問いに答えなさい。

(1) 連立方程式 $\begin{cases} a+3b=-1 \\ 3a-b=7 \end{cases}$ を解きなさい。

(2) 連立方程式 $\begin{cases} x+4y=6 \\ 2x+5y=3 \end{cases}$ を解きなさい。

(3) 連立方程式 $\begin{cases} 4x-3y=5 \\ 3x+y=7 \end{cases}$ を解きなさい。

(4) 連立方程式 $\begin{cases} 3x+y=5 \\ 2x-5y=9 \end{cases}$ を解きなさい。

(5) 連立方程式 $\begin{cases} 2x+5y=21 \\ 4x-3y=-10 \end{cases}$ を解きなさい。

(6) 連立方程式 $\begin{cases} x-y=5 \\ \dfrac{x}{2}+\dfrac{y}{5}=\dfrac{2}{5} \end{cases}$ を解きなさい。

(7) 方程式 $4x+3y=2x-y=5$ を解きなさい。

(8) 連立方程式 $\begin{cases} ax+2by=2 \\ bx-ay=7 \end{cases}$ の解が $(x,\ y)=(2,\ -1)$ のとき，a，b の値を求めなさい。

２次方程式

〔**10**〕 次の(1)～(12)の問いに答えなさい。

(1) ２次方程式 $x^2-7x+12=0$ を解きなさい。

(2) ２次方程式 $x^2+3x-10=0$ を解きなさい。

(3) ２次方程式 $x^2+14x+49=0$ を解きなさい。

(4) ２次方程式 $x(x-4)=12-5x$ を解きなさい。

(5) ２次方程式 $(x-4)(x-1)-10=0$ を解きなさい。

(6) ２次方程式 $(x+1)(3x-1)=4x^2-4$ を解きなさい。

(7) ２次方程式 $x^2+5x+3=0$ を解きなさい。

(8) ２次方程式 $2x^2+3x-1=0$ を解きなさい。

(9) ２次方程式 $5x^2-6x-2=0$ を解きなさい。

(10) x についての２次方程式 $x^2-ax-12=0$ の1つの解が2であるとき，もう1つの解を求めなさい。

(11) x についての２次方程式 $x^2+3x+t=0$ の1つの解が2であるとき，もう1つの解を求めなさい。

(12) x についての２次方程式 $x^2+ax+b=0$ の解が-4と3であるとき，aとbの値を求めなさい。

数量関係を表す式

〔11〕 次の(1)〜(11)の問いに答えなさい。

(1) 縦3cm，横 a cmの長方形の周の長さを ℓ cmとするとき， ℓ を a を用いた式で表しなさい。

(2) 片道 a kmの道のりを行きは毎時3km，帰りは毎時5kmの速さで歩いて往復したとき，往復にかかった時間は何時間か。 a を用いた式で表しなさい。

(3) 面積が15cm²の三角形の底辺を x cm，高さを y cmとするとき， y を x を用いた式で表しなさい。

(4) 水そうに90Lの水が入っている。毎分6Lの割合で排水し，水そうを空にする。排水をはじめてから x 分後の水そうに残っている水の量を y Lとするとき， y を x の式で表しなさい。

(5) 半径 r cmの円Oがある。この円Oの半径を1cm長くすると，円周は何cm長くなるか，求めなさい。ただし，円周率は π とする。

(6) 5人で買い物に行き，1個50円の品物を x 個と1個150円の品物を y 個買った。1人あたりの代金を， x と y を用いて表しなさい。ただし，消費税は考えないものとする。

(7) 52枚のトランプのカードを5人に a 枚ずつ配ると， b 枚のカードが残った。 a を b を使った式で表しなさい。

(8) 14人の男女のうち，あめを a 個持っている男の子8人と，あめを b 個持っている女の子6人がいる。このとき，14人が持っているあめの平均は何個か。 a ， b を用いて表しなさい。

(9) 男子3人の体重の平均が a kg，女子4人の体重の平均が b kgのとき，7人の体重の合計を表す式を求めなさい。

(10) a ％の食塩水200gに b ％の食塩水400gを加えた食塩水600gに含まれる食塩の量は何gか。 a ， b を用いて表しなさい。

(11) 次の①，②の数量の関係を，不等式で表しなさい。

　① a kmの道のりを毎時4kmの速さで歩いたら，かかった時間は b 時間未満だった。

　② ある学校の昨年の生徒数は x 人で，今年は昨年より a ％増えたので，400人以上になった。

基 本 問 題

基本問題

《解法の要点》

　方程式の利用，場合の数と確率，比例，反比例，作図，平行線や円と角度の出題が目立つ。その他に，多角形と角，平行線と線分の比などの出題も予想される。

　難易度はそれほど高くなく，教科書にもあるような基本的な内容が中心である。

●方程式の応用問題を解く手順

①　問題をよく読み，何をxで表すかを決める。

②　等しい数量の関係を見つけて，方程式をつくる。

③　方程式を解く。

④　求めた解が問題に当てはまるかどうか確かめる。

●関数

・比例の式・・・$y = ax$（aは比例定数）

・反比例の式・・・$y = \dfrac{a}{x}$（aは比例定数）

・1次関数の式・・・$y = ax + b$（aは変化の割合）

〈注意〉　1次関数のグラフでは，aは傾き，yは切片（y軸との交点のy座標）

・2乗に比例する関数の式・・・$y = ax^2$（aは比例定数）

・関数の変域・・・x，yのとることのできる値の範囲。

〈例〉　関数$y = x - 4$において，xの変域が$-2 \leqq x \leqq 5$のときのyの変域を求める。$x = -2$のとき$y = -2 - 4 = -6$，$x = 5$のとき$y = 5 - 4 = 1$だから，$-6 \leqq y \leqq 1$

●図形の移動

・平行移動・・・図形を，一定の方向に，一定の距離だけ動かす移動のこと。

・対称移動・・・図形を，ある直線を折り目として折り返すような移動のこと。このとき，折り目とした直線を対称の軸という。

・回転移動・・・図形を，1つの定点を中心としてある角度だけ回転させる移動のこと。このとき，定点を回転の中心という。

平行移動　　　　　　　　　対称移動　　　　　　　　　回転移動

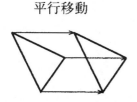 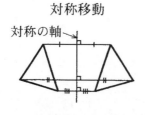 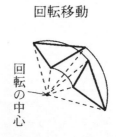

●投影図

　真上から見た図を平面図，真正面から見た図を立面図という。また，平面図と立面図をあわせて，投影図という。

投影図

●図形と角

　　∠a＝∠b（対頂角は等しい）　　　　　ℓ//m のとき，∠a＝∠c（同位角は等しい），

　　　　　　　　　　　　　　　　　　　　　　　∠b＝∠c（錯角は等しい）

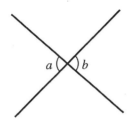 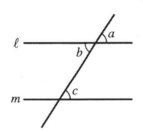

・三角形の内角と外角・・・∠a＋∠b＋∠c＝180°，∠d＝∠a＋∠b

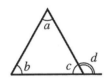

・円周角と中心角・・・∠a＝∠b＝$\frac{1}{2}$∠c

・多角形の角・・・n 角形の内角の和は，180°×（n－2），外角の和は360°

●平行線と線分の比

・三角形と比・・・DE//BCのとき,

$$AD:AB=AE:AC=DE:BC, \quad AD:DB=AE:EC$$

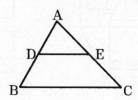

・平行線と比・・・ $\ell//m//n$ のとき, $a:b=c:d, \quad a:c=b:d$

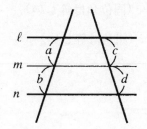

●おうぎ形

・面積・・・ $S=\pi r^2 \times \dfrac{a}{360}$ （π：円周率, r：半径, a：中心角）

・弧の長さ・・・ $\ell=2\pi r \times \dfrac{a}{360}$ （π：円周率, r：半径, a：中心角）

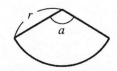

※上の2つの式を組み合わせると, $S=\dfrac{1}{2}\ell r$

●球の体積と表面積

半径 r cmの球の体積は $\dfrac{4}{3}\pi r^3$（cm³）, 表面積は $4\pi r^2$（cm²）

●相似な図形の面積の比

相似比	面積の比
$a:b$	$a^2:b^2$

●相似な立体の体積の比

　　相似比　　　　体積の比

　　$a : b$　　　　$a^3 : b^3$

●度数分布表

　・範囲…資料にふくまれている最大の値から，最小の値をひいた差。レンジ

　　ともいう。

　・階級…資料を整理するための区間。

　・階級の幅…区間の幅の大きさ。

　・度数…それぞれの階級に入っている資料の個数。

　・累積度数…最初の階級から，ある階級までの度数の合計した個数。

　・度数分布表…資料を，階級や度数を利用してまとめた表。

　・ヒストグラム…階級の幅を横，度数をたてとする長方形を順に並べてかい

　　たグラフ。

　・度数分布多角形…ヒストグラムの，それぞれの長方形の上辺の中点を結ぶ

　　折れ線。度数折れ線，度数多角形ともいう。

　・相対度数…各階級の度数の，全体に対する割合。

$$(相対度数) = \frac{(その階級の度数)}{(度数の合計)}$$

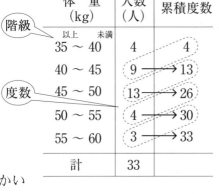

度数分布表

体　重 (kg)		人数 (人)	累積度数
以上	未満		
35 ～ 40		4	4
40 ～ 45		9	13
45 ～ 50		13	26
50 ～ 55		4	30
55 ～ 60		3	33
計		33	

ヒストグラムと
度数分布多角形

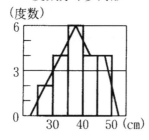

●四分位範囲と箱ひげ図

　・箱ひげ図…データの分布がどのあたりの値に集中しているかをひと目で把握することができる図のこと。

箱ひげ図

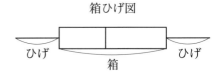

　・四分位範囲…データを小さい方から並べて4等分したときに、真ん中を含む全体のほぼ50%のデータの散

　　らばりを表したもの。

　　箱ひげ図で、

　　　左端を「最小値」

　　　右端を「最大値」

　　　全体の真ん中を「中央値」（「第2四分位数」）

　　　最小値から中央値（前半部分）の真ん中の数値を「第1四分位数」

　　　中央値から最大値（後半部分）の真ん中の数値を「第3四分位数」

　　　「第1四分位数」から「第3四分位数」の範囲を「四分位範囲」

　　　（箱ひげ図で、第3四分位数から第1四分位数を引いた数のこと）

　　という。

●代表値

・階級値…階級の中央の値。

・平均値…平均して得られた値。（平均値）＝ $\dfrac{（資料の値の総和）}{（資料の個数）}$

・中央値（メジアン）…資料の値を大きさの順に並べたとき，中央の値。資料が偶数個のときは，中央にある2つの値の平均値。

・最頻値（モード）…度数の最も多い資料の値。度数分布表では，度数のもっとも多い階級の階級値をさす。

●真の値と近似値，有効数字

・真の値…正確な数値

・近似値…真の値ではないが，それに近い値。

・有効数字…近似値の表す数字のうち，信頼できる数字。

●標本調査

・全数調査　調査の対象となっている集団の全部のものについて調べること。

　〈例〉国勢調査

・標本調査　集団のうちの一部のものについて調査し，それから全体を推定する方法。

　〈例〉テレビの視聴率調査

方程式の利用

〔1〕 次の(1)～(10)の問いに答えなさい。

(1) 水の入っていない水そうに，一定の割合で水を入れたら，入れ始めてから5分後に15L入った。入れ始めてから8分後に水そうが満水になったとすると，この水そうは，何L水が入るか，求めなさい。

(2) 家から学校まで12kmある。途中まで時速15kmの自転車で行き，途中で18分休み，自転車を置いて残りを時速8kmで歩いて行ったら，1時間20分かかった。このとき，自転車で走った距離は何kmか，求めなさい。

(3) あるグループで血液型を調べたところ，男子の $\frac{2}{5}$ と女子の $\frac{1}{4}$ がA型で，その人数の合計は6人である。また，このグループの女子の人数は男子の人数の $\frac{4}{5}$ である。このグループの男子の人数と女子の人数をそれぞれ求めなさい。

(4) Aさんは，ある店で画用紙を最初15枚買った。しかし，買いすぎたので画用紙を6枚店に返し，さらに40円たしたところ，200円のノートを2冊買うことができた。このとき，画用紙の単価を求めなさい。ただし，消費税は考えないものとする。

(5) 青色，赤色の2色の信号機がある。青色は，50秒ついた後，10秒消えることを繰り返すものとし，赤色は，27秒ついた後，13秒消えることを繰り返すものとする。午前8：00ちょうどに，同時に青色，赤色がつき始めたとすると，次に同時につき始めるのは，午前何時何分か求めなさい。

(6) A君は，N市からM町までガソリンが満タンの車で出かけた。M町に着いて，ガソリンを満タンに給油したところガソリン代は，1750円だった。車が1Lあたりに走る距離を12km，ガソリン1Lを100円として，N市からM町までの距離を求めなさい。ただし，消費税は考えないものとする。

(7) ある中学校の3年生は全体で130人いる。そのうち男子の15％と女子の10％がバスケットボール部員で，その人数の合計は16人である。3年生の男子と女子の人数をそれぞれ求めなさい。

(8) 池のまわりに1周2400mの道がある。この道をAさんは自転車で，Aさんの父は徒歩で，それぞれ一定の速さで回ることにした。同じ地点から同じ方向に同時に出発したところ，30分後にAさんは1周して父に追いついた。追いついた地点から，今度はたがいに反対の方向に同時に出発したところ，12分後に2人は出会った。このとき，Aさんの自転車の速さと，父の歩く速さをそれぞれ求めなさい。

(9) 連続する3つの自然数のうち,最も小さい数と最も大きい数との積が、真ん中の数の3倍より27大きいという。この連続する3つの自然数を求めなさい。

(10) 周の長さが40cmで,面積が84cm²の長方形の2辺の長さを求めなさい。

関数

〔2〕 次の(1)~(9)の問いに答えなさい。

(1) 変化の割合が$\frac{3}{4}$で，$x=4$のとき$y=-3$となる１次関数の式を求めなさい。

(2) 下の図は，傾きが$\frac{1}{2}$の直線である。yをxの式で表しなさい。

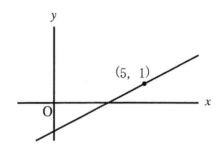

(3) yはxの１次関数で，そのグラフは点$(2, -5)$を通り，傾きが3である。この１次関数の式を求めなさい。

(4) yはxの１次関数で，そのグラフは点$(1, 1)$，$(5, -7)$を通る。この１次関数の式を求めなさい。

(5) yはxの１次関数で，そのグラフは点$(-3, -2)$を通り，直線$y=-2x+1$に平行である。この１次関数の式を求めなさい。

(6) yはxの2乗に比例し，そのグラフは点$(-4, 8)$を通る。このグラフの式を求めなさい。

(7) 関数$y=-2x^2$について，xの変域が$-3\leqq x\leqq 2$のときのyの変域を求めなさい。

(8) 関数$y=\frac{1}{3}x^2$で，xの値が3から6まで増加するときの変化の割合を求めなさい。

(9) 球をある斜面の上でころがした。ころがり始めてからx秒間に球のころがる距離をymとしたとき，$y=2x^2$の式が成り立った。ころがり始めて2秒後から3秒後までの平均の速さを求めなさい。

図形の移動

〔3〕 右の図で，四角形ＡＢＣＤは長方形で，点Ｐ，Ｑ，Ｒ，Ｓは各辺の中点，点Ｏは対角線の交点である。このとき，次の(1)~(3)の問いに答えなさい。

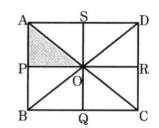

(1) △ＡＰＯを，平行移動させたときにぴったり重ねることができる三角形を答えなさい。

(2) △ＡＰＯを，点Ｏを中心として回転移動させたときにぴったり重ねることができる三角形を答えなさい。

(3) △ＡＰＯを対称移動させたときにぴったり重ねることができる三角形をすべて答えなさい。

投影図

〔4〕 次の(1), (2)の投影図で表される立体の名称を答えなさい。

(1)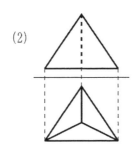

(2)

平面図形，空間図形

〔5〕 次の(1)～⑭の問いに答えなさい。

(1) 右の図で，$\ell // m$ のとき，$\angle x$ の大きさを求めなさい。

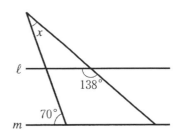

(2) 右の図の $\angle x$ の大きさを求めなさい。

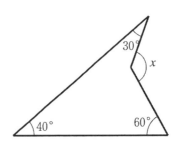

(3) 右の図のような四角形ＡＢＣＤで，$\angle A$ と $\angle B$ の
二等分線の交点をＰとし，$\angle C = 71°$，$\angle D = 95°$
であるとき，$\angle$ＡＰＢの大きさを求めなさい。

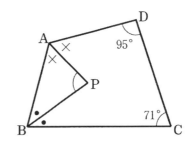

(4) 1つの内角の大きさが１４０°であるのは正何角形か，求めなさい。

(5) 下の図のような正方形ＡＢＣＤがある。辺ＡＥ＝辺ＦＣとなるような点Ｅ，Ｆをそれぞれ辺ＡＢ，ＢＣ
上にとり，∠ＡＥＤ＝64°であるとき，∠ｘの大きさを求めなさい。

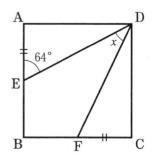

(6) 下の図で，Ａ，Ｂ，Ｃは円Ｏの周上の点で，ＤはＡＢとＣＯの交点である。∠ＯＡＤ＝20°，∠ＡＤ
Ｃ＝110°のとき，∠ｘ，∠ｙの大きさをそれぞれ求めなさい。

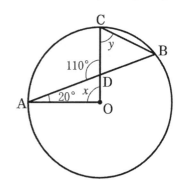

(7) 右の図のように，円Ｏの周上に４点Ａ，Ｂ，Ｃ，Ｄがあり，
ＡＣ⊥ＯＢである。∠ＡＣＯ＝40°のとき，∠ｘの大きさを
求めなさい。

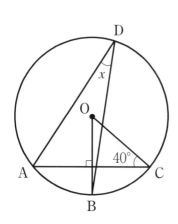

(8)　下の図のように，ＡＢ//ＣＤ//ＥＦで，ＡＢ＝14cm，ＣＤ＝6cmのとき，線分ＥＦの長さを求めなさい。

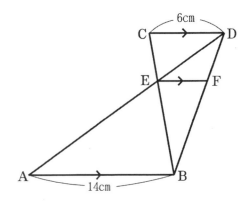

(9)　右の図のように，ＡＤ＝6cm，ＢＣ＝9cm，ＡＤ//ＢＣの台形ＡＢＣＤがある。対角線ＡＣとＢＤとの交点をＥとし，点Ｅを通り，辺ＡＤに平行な直線と辺ＣＤとの交点をＦとする。

　　このとき，△ＡＢＣの面積と△ＤＥＦの面積の比を最も簡単な整数の比で求めなさい。

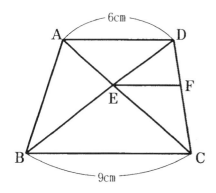

(10)　下の図のおうぎ形ＯＡＢにおいて，半径が10cm，中心角が72°のとき，弧ＡＢの長さを求めなさい。ただし，円周率はπとする。

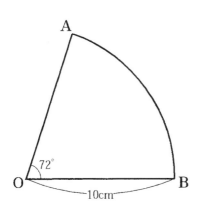

(11) 底面の半径が3cmで，母線の長さが9cmの円すいを展開したときにできる側面のおうぎ形の中心角の大きさを求めなさい。

(12) 右の図は，円柱の展開図である。この円柱の体積を求めなさい。ただし，πは円周率とする。

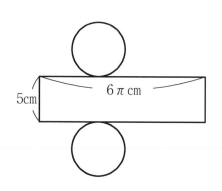

(13) 右の図のように，半径が3cm，中心角が90°のおうぎ形OABがある。このおうぎ形OABを辺AOを軸として1回転させてできる立体の表面積と体積をそれぞれ求めなさい。ただし，円周率はπとする。

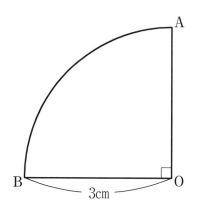

(14) 右の図のように，AB＝BF＝3cm，AD＝4cmの直方体ABCD－EFGHがあり，BG＝5cmである。辺BC上に，BP＝3cmとなるように点Pをとるとき，次の①，②の問いに答えなさい。

① 三角すいD－BGCの体積を求めなさい。

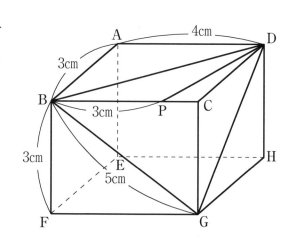

② 点Pと線分BDとの距離を求めなさい。

作図

〔6〕 次の(1)～(5)の問いに答えなさい。

(1) 下の図の△ABCにおいて，辺ACを底辺としたときの高さBHを，定規とコンパスを用いて作図しなさい。ただし，作図に使った線は消さないで残しておくこと。

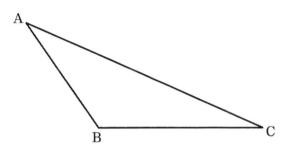

(2) 下の図のように，線分ABがある。線分ABの中点Pを定規とコンパスを用いて作図しなさい。ただし，作図に使った線は消さないで残しておくこと。

(3) 下の図のように，∠XOYの辺OY上に点Aがある。∠XOYの二等分線上に，OB＝ABとなる点Bを作図しなさい。

ただし，作図に使った線は消さないで残しておくこと。

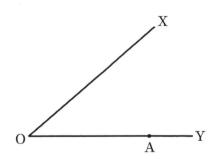

(4) 右の図のように，円Oの周上に点Pがある。点Pを通る
円Oの接線を，定規とコンパスを用いて作図しなさい。た
だし，作図に使った線は消さないで残しておくこと。

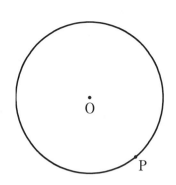

(5) 2点A，Bを通り，中心が直線ℓ上にある円をコンパスと定規を用いて作図しなさい。ただし，作図に
使った線は消さずに残しておくこと。

A

B

中央値

〔7〕下の資料は，10人の生徒のハンドボール投げの記録である。この資料について，中央値（メジアン）を求
　　めなさい。

> 29　18　21　28　25
> 23　28　16　22　21
> （単位はm）

範囲と中央値

〔8〕下の表は，ある中学校の運動部員10人の垂直とびの記録をまとめたものである。これについて，次の(1)，
　　(2)の問いに答えなさい。

番号	1	2	3	4	5	6	7	8	9	10
垂直とび(cm)	48	61	60	55	58	63	57	66	65	69

(1)　範囲（レンジ）を答えなさい。

(2)　中央値（メジアン）を答えなさい。

平均値

〔9〕右の図は，あるクラスの女子生徒20人の50m走の記録を
　　ヒストグラムにまとめたものである。このヒストグラムか
　　ら，50m走の平均値を答えなさい。

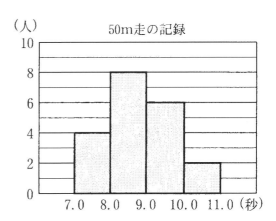

階級の幅と相対度数

〔10〕右の図は，ある学級の生徒40人が日曜日に新聞を読んだ時間
　　をヒストグラムに表したものである。これについて，次の(1)，
　　(2)の問いに答えなさい。

(1)　階級の幅を答えなさい。

(2)　度数が最も大きい階級の相対度数を求めなさい。

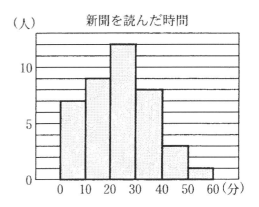

最頻値と中央値

〔11〕右の度数分布表は，あるクラスの生徒25人の100m走の記録をまとめたもの
である。これについて，次の(1)，(2)の問いに答えなさい。

(1) 最頻値（モード）を答えなさい。

(2) 中央値（メジアン）を答えなさい。

記録（秒）	度数（人）
以上　未満 13 ～ 14	3
14 ～ 15	10
15 ～ 16	11
16 ～ 17	1
計	25

最頻値と中央値，平均値

〔12〕あるクラスの数学の授業で小テストを実施した。右の表は，
このクラスの男子20人についての得点をまとめたものである。
このとき，得点の中央値と最頻値をそれぞれ求めなさい。また，
得点の平均値を求めなさい。

得点（点）	人数（人）
0	0
1	3
2	7
3	5
4	3
5	2
計	20

相対度数

〔13〕右の表は，ある中学校の生徒25人について，通学時間
を調べた結果をまとめたものである。表の a, b, c, d に
当てはまる値をそれぞれ求めなさい。

階級（分）	度数（人）	相対度数
以上　未満 8 ～ 12	3	a
12 ～ 16	b	0.20
16 ～ 20	8	0.32
20 ～ 24	c	d
24 ～ 28	2	0.08
計	25	1.00

階級値と平均値

〔14〕表1は生徒20人の数学のテスト（60点満点）の点数を示したもので，それを表2の度数分布表にまとめたい。
このとき，下の(1)，(2)の問いに答えなさい。

表1

36	25	26	23
53	39	11	32
45	13	35	47
57	41	59	51
19	39	12	7

表2

階級（点） 以上　　未満	階級値 （点）	度数 （人）	（階級値）×（度数）
0〜10			
10〜20			イ
20〜30			75
30〜40		ア	
40〜50			
50〜60	55		
合計		20	

(1) 表2の ア ， イ にあてはまる数を求めなさい。

(2) テストの点数の平均値を，小数第1位まで求めなさい。

相対度数と平均値

〔15〕次の資料は，20人の生徒の垂直跳びの記録を度数分布表にまとめたものである。このとき，下の(1)，(2)
の問いに答えなさい。

階級 （cm）	階級値 （cm）	度数 （人）	（階級値）×（度数）
以上　　未満 20 〜 30	25	2	50
30 〜 40	35	10	
40 〜 50	45	8	
計		20	

(1) 階級値が45cmの階級の相対度数を求めなさい。

(2) 20人の生徒の垂直跳びの平均値を求めなさい。

四分位範囲

〔16〕次のデータは，ある中学校の生徒20人が10点満点の漢字テストを受けたときの得点である。

（単位：点）

7,	9,	10,	6,	7,	8,	10,	7,	8,	10,
9,	9,	7,	10,	6,	7,	10,	7,	9,	8

このデータについて述べた文として正しいものを，次のア～エからすべて選び，その符号を書きなさい。

ア　四分位範囲は2.5点である。

イ　中央値は8.2点である。

ウ　最頻値は10点である。

エ　9点以上の生徒の割合は，漢字テストを受けた生徒全体の45％である。

近似値

〔17〕ある数 a の小数第2位を四捨五入した近似値が2.4のとき，a の値の範囲を不等号を使って表しなさい。

有効数字

〔18〕2地点A，B間の距離をはかり，測定値2300mを得た。この測定値の有効数字が2, 3, 0のとき，有効数字がはっきりわかるように，（整数部分が1けたの小数）×10の累乗（10の何乗）の形で表しなさい。

有効数字

〔19〕次の(1)，(2)の値を，（整数部分が1けたの整数）×（10の累乗）の形に表しなさい。

(1)　160000kmの有効数字が1, 6のとき

(2)　5400gが10gの位までの測定値のとき

標本調査

〔20〕次の調査は全数調査，標本調査のどちらが適しているか，答えなさい。

(1)　テレビの視聴率調査

(2)　学校の期末テスト

場合の数と確率

場合の数と確率

《解法の要点》

　場合の数や確率の問題は，大問形式で単独で出題される場合と，基本問題の中に小問形式で出題される場合がある。

　出題内容は，サイコロ，カード，硬貨，玉を使ったものや，並べ方，選び方に関するものが主なものなので，それぞれのパターンの解き方を練習しておこう。

●場合の数の求め方

数え漏れやダブりがないように，樹形図や表をかいて調べよう。

　〈例〉　2枚の硬貨A，Bを投げるときの表，裏の出方。樹形図は左，表は右のようになる。

B＼A	表	裏
表	表，表	表，裏
裏	裏，表	裏，裏

確率の求め方…あることがらの起こりうる全ての場合がn通りあり，そのうち，ことがらPの起こる場合がa通りあるとき，ことがらPの起こる確率pは，$p = \dfrac{a}{n}$

　　　　　Pが起こらない確率は，$1 - p$

●サイコロに関する確率

　〈例〉　2個のサイコロA，Bを同時に投げたとき，出る目の数の和が10になる確率。

　　・2個のサイコロA，Bを投げるときの目の出方…Aのサイコロの目の出方は6通りあり，その6通りそれぞれに対して，Bのサイコロの目の出方も6通りあるから，全部で6×6＝36（通り）

　　・目の数の和が10になる場合の数…（A，B）＝（4，6），（5，5），（6，4）の場合で3通り。よって，求める確率は，$\dfrac{3}{36} = \dfrac{1}{12}$

●カードに関する確率

〈例〉 3枚のカード $\boxed{1}$，$\boxed{2}$，$\boxed{3}$ から，1枚ずつ続けて2枚のカードをひき，1列に並べて2桁の整数を
つくるとき，その整数が3の倍数になる確率。

・2桁の整数は，下の樹形図より6通りできる。

・3の倍数は，$\boxed{1}\boxed{2}$ →12，$\boxed{2}\boxed{1}$ →21 の2通り。よって，求める確率は $\dfrac{2}{6}=\dfrac{1}{3}$

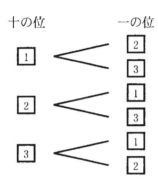

●玉に関する確率

〈例〉 袋の中に赤玉が2個，白玉が3個入っている。この袋の中から同時に2個の玉を取り出すとき，同じ色
の玉が出る確率。

・赤玉をⒶ，Ⓑ，白玉をⓐ，ⓑ，ⓒとすると，2個の玉の取り出し方は，下の樹形図より，10通り。

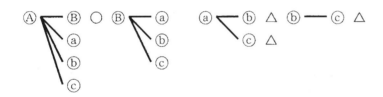

（注意） 同時に取り出すとき，（Ⓐ，Ⓑ）と（Ⓑ，Ⓐ）は区別しない。

・2個とも赤玉である場合は○印の1通り，2個とも白玉であるのは△印の3通りだから，同じ色であるの
は4通り。よって，求める確率は $\dfrac{4}{10}=\dfrac{2}{5}$

サイコロと場合の数

〔**1**〕 下の図で，スタートにおいた駒を1〜6の目があるさいころをふって出た目の数だけ右へ進めていき，ゴールに達したら終了とする。例えば，2の場所にいたら，次に3または5を出すとゴールに達し終了するが，6のようにゴールをこえてしまう目が出た場合はゴールに達したことにならない。このとき，次の(1)，(2)の問いに答えなさい。

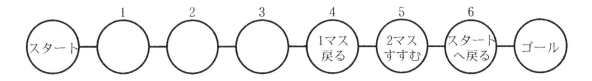

(1) 1の場所にいた時，次にゴールに達しない場合は何通りあるか，求めなさい。

(2) さいころを2回ふって，ゴールに達する場合は何通りあるか，求めなさい。ただし，1回でゴールに達した場合は含めないこととする。

くじと確率

〔**2**〕 N中学校の3年生の卓球部員にはa，b，c，d，eの5人がいる。このとき，次の(1)〜(4)の問いに答えなさい。

(1) この5人の中から，部長と副部長を1人ずつくじ引きで選ぶとき，その組み合わせは全部で何通りあるか，求めなさい。

(2) この5人の中から，ダブルスの試合に出場する選手2名をくじ引きで選ぶとき，その組み合わせは全部で何通りあるか，求めなさい。

(3) (2)のとき，cが選手に選ばれる確率を求めなさい。

(4) (2)のとき，cが選手に選ばれない確率を求めなさい。

くじと確率

〔**3**〕 次の(1)，(2)の問いに答えなさい。

(1) 当たりくじが2本，はずれくじが2本入っているくじがある。このくじから，A，Bの2人が1本ずつ引くことにする。Aが先に引き，引いたくじをもどさないで次にBが引くとき，A，Bともに当たりくじを引く確率を求めなさい。

(2) 2人の男子A，Bと，3人の女子C，D，Eの5人の中から，くじ引きで2人を選ぶとき，男子と女子が1人ずつになる確率を求めなさい。

カードと確率

〔**4**〕 数字を書いた5枚のカード □1□, □2□, □3□, □4□, □5□ がある。AとBは，それぞれこのカードを
よくきってから2枚を取り出し，その数の和が8以上になる確率を求めた。Aは，2枚同時に取りだし，B
は1枚目を元に戻してから2枚目を取り出す方法を選んだ。これについて，次の1〜4の □□□□ の中に
当てはまる数を書きなさい。

> 2枚をそれぞれの方法で取り出す全ての場合の数は，Aでは □1□ 通りであるが，Bでは25通りで
> ある。また，数の和が8以上になる場合の数が，Aでは □2□ 通り，Bでは6通りであるから，求め
> る確率はAの方法では，□3□ であるのに対し，Bの方法では □4□ となる。

球と確率

〔**5**〕 袋の中に赤球が3個，白球が2個入っている。このとき，次の(1)，(2)の問いに答えなさい。

(1) この袋の中から，球を同時に2個取り出すとき，2個とも赤球である確率を求めなさい。

(2) さらに，黒球を2個足して，A君，B君が順番に1個ずつ球を取り出すとする。このとき，A君，B君
が両方とも赤球である確率を求めなさい。ただし，A君が取り出した球は元に戻さないものとする。

硬貨と確率

〔**6**〕 1円，5円，10円，50円，100円，500円の硬貨が1枚ずつある。この硬貨を2枚同時に取り出すとき，次の
(1)，(2)の問いに答えなさい。ただし，硬貨はすべて同じ確率で取り出されるものとする。

(1) 硬貨の取り出し方は何通りあるか，求めなさい。

(2) 2枚の合計金額が奇数となる確率を求めなさい。

さいころと確率

〔**7**〕 赤色と白色をしたさいころが1個ずつある。この2つのさいころを同時にふって，赤色の方のさいころの
出た目の数を a，白色の方の出た目の数を b とするとき，次の(1)，(2)の問いに答えなさい。

(1) $a+b$ が，3の倍数となる場合は何通りあるか，求めなさい。

(2) $a-b$ が，-2 より小さい数となる確率を求めなさい。

ボールと確率

〔8〕 箱の中に0～4までの異なる整数が1つずつ書かれたボールが5個入っている。これをよくかき混ぜ，1個取り出し，ボールに書かれた数を確認し箱に戻す。これを2回行い，1回目の数字を十の位，2回目の数字を一の位として2桁の整数をつくる。ただし，00や03などは数に含めないものとする。このとき，次の(1)，(2)の問いに答えなさい。

(1) 2桁の整数は何通りできるか，求めなさい。

(2) 2桁の整数のうち，3の倍数となる確率を求めなさい。

コインと確率

〔9〕 下の図のような正三角形ＡＢＣで，点Ｐは頂点Ａから出発し，次のルールで正三角形の辺上を動く。コインを続けて3回投げるとき，次の(1)，(2)の問いに答えなさい。

ルール

コインを投げて，表が出たら左回りで次の頂点まで進み，裏が出たら右回りで次の頂点まで進む。

例：表－裏－表の順で出ると，Ａ→Ｂ→Ａ→Ｂと進むので，点Ｐは頂点Ｂにいる。

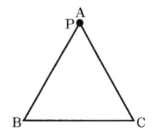

(1) 点Ｐが頂点Ａにある確率を求めなさい。

(2) 点Ｐが頂点Ｂにある確率を求めなさい。

さいころと確率

〔10〕 1から6までの目のついた大，小2つのさいころを同時に投げるとき，大きいさいころの目をx，小さいさいころの目をyとする。このとき，次の(1)～(3)の問いに答えなさい。

(1) $x+y=5$になる確率を求めなさい。

(2) $x+y\geqq9$になる確率を求めなさい。

(3) x，yを座標軸にとったとき，直線$y=-x+6$とx軸，y軸の間に入る確率を求めなさい。ただし，直線$y=-x+6$上の点も含むものとする。

〔11〕花子さんは,子ども会で次のような【ルール】のさいころゲームを企画した。次の問いに答えなさい。

【ルール】

・右の図のような正方形ABCDの頂点Aにおはじきを置く。
・大小2つのさいころを同時に1回投げて,出た目の数の和と同じ数だけ,おはじきを頂点AからB,C,D,A,…の順に1つずつ矢印の方向に移動させる。例えば,出た目の数の和が3のとき,おはじきを頂点Dに移動させる。

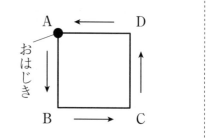

(1) 大小2つのさいころを同時に1回投げるとき,出た目の数の和が5となるのは何通りあるかを求めなさい。

(2) 花子さんは,おはじきが頂点Bにちょうど止まる確率を,次のように求めた。 ア , イ に適当な数を書き入れなさい。

おはじきが頂点Bにちょうど止まるのは,出た目の数の和が,5または ア のときだから,求める確率は イ である。

(3) 花子さんは,おはじきが最も止まりやすい頂点を「あたり」と決め,おはじきがその頂点にちょうど止まれば,景品を渡すことにした。「あたり」としたのは,頂点A～Dのうちどれか。1つ答えなさい。また,おはじきがその頂点にちょうど止まる確率を求めなさい。

規　則　性

規則性

《解法の要点》

　例年，立体や図形，整数を規則的に並べ，並び方の決まりを発見させる問題が出題されている。図形の個数の増え方や，数の変化の仕方を図や表に整理して，かくれているきまりを見つけ出せるかどうかがポイントである。

●碁石の並び方の規則性

〈例〉　下の図のように，碁石を正方形になるように並べていく。1辺に並べる碁石の個数n個のとき，全体に使われている碁石の個数をnの式で表す。

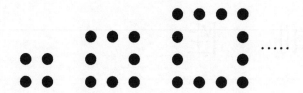

（考え方1）　下のように囲むと，$4n-4$(個)　※4つの頂点を重ねて数えているため，その分をひく。

（考え方2）　下のように囲むと，$(n-1)×4=4n-4$(個)

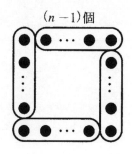

（考え方3）　下のように囲むと，$(n-2)×4+4=4n-4$(個)

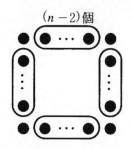

（考え方4）　下の表のようにまとめて考えると，1辺の碁石の個数がn個のときは，$4 \times (n-1) =$
　　　　　$4n-4$（個）

1辺の碁石の数（個）	2	3	4	5	・・・	n
全体の碁石の数（個）	4 (4×1)	8 (4×2)	12 (4×3)	16 (4×4)	・・・	4×(n−1)

●数の並び方の規則性

〈例〉　下の図のように正三角形をピラミッド状にしきつめていき，自然数を規則的に書いていく。

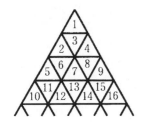

(1)　上からn段目の右端の数をnの式で表す。

　（考え方）　右端の数は，1段目から順に$1=1^2$，$4=2^2$，$9=3^2$，$16=4^2 \cdots$だから，n段目は，n^2

(2)　上からn段目にある正三角形の個数をnの式で表す。

　（考え方1）　（n段目までの正三角形の個数）$-$｛$(n-1)$段目までの正三角形の個数｝として求める。

　　　　　　(1)を利用すると，$n^2-(n-1)^2=n^2-(n^2-2n+1)=2n-1$（個）

　（考え方2）　下の表のようにまとめると，正三角形が2個ずつ増えているから，$2n-1$（個）

段数	1	2	3	4	・・・	n
その段にある正三角形の個数（個数）	1	1+2×1 =3	1+2×2 =5	1+2×3 =7	・・・	1+2×(n−1) =2n−1

規則性と整数の性質

〔1〕 下の表は，ある規則に従って自然数を並べたものである。表中の数を$(x，y)$で表すことにし，例えば31は$(5，3)$となる。これについて，次の(1)〜(3)の問いに答えなさい。

$\diagdown y$ 〜 x	1	2	3	4	5	6	7
1	1	2	3	4	5	6	7
2	8	9	10	11	12	13	14
3	15	16	17	18	19	20	21
4	22	23	24	25	26	27	28
5	29	30	31	32	33	34	35
6	36	37	38	39	—	—	—
—	—	—	—	—	—	—	—

(1) $(7，1)$の数を求めなさい。

(2) $x=2$のときの数の和は，$8+9+\cdots\cdots+14=77$ である。$x=8$のときの数の和を求めなさい。

(3) 次の文の ☐ の中に当てはまる数を書きなさい。

$y=3$と$y=5$のそれぞれの縦の数の中から，適当に数を1個ずつ取り出す。その和を求めると，$y=$ ☐ の縦の列に必ず存在する数となる。

規則性と文字式の利用

〔2〕 下の図のように，3種類のシール⊕，○，◎を一段ずつ順に規則正しく並べていくとき，次の(1)〜(3)の問いに答えなさい。

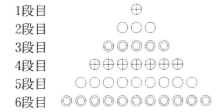

1段目　　　　　　⊕
2段目　　　　　○○○
3段目　　　　◎◎◎◎◎
4段目　　　⊕⊕⊕⊕⊕⊕⊕
5段目　　○○○○○○○○○
6段目　◎◎◎◎◎◎◎◎◎◎◎

(1) 図から，シール○を使うのは，2段目が1回目，5段目が2回目となることがわかる。このことから，シール○を5回目に使うのは何段目のときか，答えなさい。

(2) 15段目にはシールが何枚並んでいるか，求めなさい。また，そのときのシールは，どの形のシールか答えなさい。

(3) 連続して，3つの段に並ぶシールの和が81枚になるのは，何段目から何段目までの和か，求めなさい。

規則性と文字式の利用

〔**3**〕右の表1のように，自然数を1から小さい順に横に7個
ずつ書いていく。横に並んでいる自然数を上から1行目，2
行目，3行目，…とし，縦に並んでいる自然数を左から1
列目，2列目，3列目，…，7列目とする。

　このとき，次の(1)〜(3)の問いに答えなさい。

(1)　8行目の4列目に書く自然数を求めなさい。

表1

	1列目	2列目	3列目	4列目	5列目	6列目	7列目
1行目	1	2	3	4	5	6	7
2行目	8	9	10	11	12	13	14
3行目	15	16	17	18	19	20	21
4行目	22	23	24	25	26	27	28
5行目	29	30	31	・	・	・	・
⋮	・	・	・	・	・	・	・

(2)　9行目に並んでいる7個の自然数の和を求めなさい。

(3)　右の表2のように，5つの数を✚で囲み，数の小さ
い順にa, b, c, d, eとする。例えば，表2のように
囲んだときは，$a=11$，$b=17$，$c=18$，$d=19$，$e=25$で
ある。このとき，次の①，②の問いに答えなさい。

①　$a+b+c=d+e$になるとき，aの値を求めなさい。

表2

	1列目	2列目	3列目	4列目	5列目	6列目	7列目
1行目	1	2	3	4	5	6	7
2行目	8	9	10	11	12	13	14
3行目	15	16	17	18	19	20	21
4行目	22	23	24	25	26	27	28
5行目	29	30	31	・	・	・	・
⋮	・	・	・	・	・	・	・

②　「$bd-ae=48$」であることを，a, b, d, eをcを用いた式で表して証明しなさい。

規則性の発見

〔**4**〕右の図1のように，奇数を1から小さい順
に1つずつ書いたカードと十角形ＡＢＣＤＥ
ＦＧＨＩＪがある。

　今，図2のように，そのカードを数字の
小さい順に，十角形の各頂点へ時計回りに
1枚ずつ並べていく。このとき，1周目には
頂点Ａから頂点Ｊまで並べることになり，
2周目には再び頂点Ａから頂点Ｊまで並べ
ることになる。同じように3周目，4周目，…
と並べていく。

　これについて，次の(1)〜(4)の問いに答えなさい。

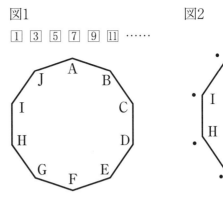

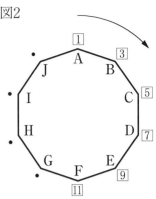

(1)　1周目の頂点Ｉに並べるカードに書いてある奇数を求めなさい。

(2)　3周目の頂点Ｅに並べるカードに書いてある奇数を求めなさい。

(3)　n 周目の頂点Ｇに並べるカードに書いてある奇数を，n を用いた式で表しなさい。

(4)　321が書かれたカードは，何周目のどの頂点に並べることになるか，求めなさい。

規則性と文字式の利用

〔**5**〕 下の図のように，花壇をつくるために1番目，2番目，3番目…とレンガを並べた。レンガは全て同じ大きさで，1個のレンガの縦，横の長さはそれぞれ10cm，5cmである。図は並べた様子を真上から見たものである。ただし，花壇のレンガは1段とする。このとき，次の(1)～(3)の問いに答えなさい。

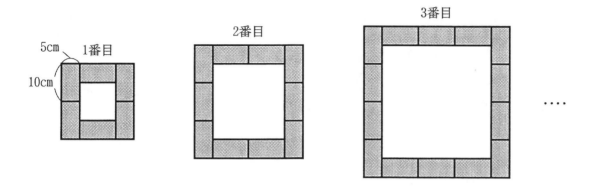

(1) 4番目の花壇をつくるには何個のレンガが必要か，求めなさい。

(2) n番目の花壇をつくるには何個のレンガが必要か，nを用いて表しなさい。

(3) n番目の花壇の面積をnを用いて表しなさい。ただし，レンガの面積は含めないものとする。

規則性と文字式の利用

〔**6**〕 下の図のように，方眼紙上に白と黒の碁石を，1番目，2番目，3番目…と規則正しく並べていくとき，次の(1)～(3)の問いに答えなさい。

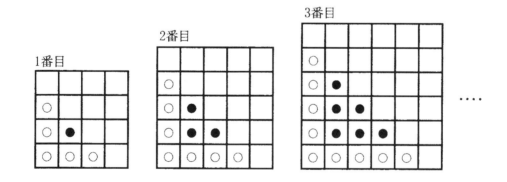

(1) 4番目の方眼紙で，黒い碁石の数は何個か，求めなさい。

(2) n番目の方眼紙で，白い碁石の数は何個か，nを使って表しなさい。

(3) 白い碁石の数が23個のときは，何番目の方眼紙か，また，そのときの白い碁石と黒い碁石の合計は何個になるか，求めなさい。

規則性の発見

〔7〕下の図1のような，1辺が4cmの正方形から1辺が2cmの正方形を切り取った形のカードAと，1辺が2cmの正方形と縦4cm，横2cmの長方形を組み合わせた形のカードBがたくさんある。また，図2のような，白いシールと黒いシールがたくさんある。

　図1のカードを図3，図4のように，すき間や重なりができないように，カードA，カードB，カードA，カードB，…と交互に並べ，図2のシールでつなげて図形をつくっていく。カードBを加えたときは，3か所の縦の辺どうしを白いシールで，カードAを加えたときは，1か所の縦の辺どうしを黒いシールでつなぐ。

　このとき，次の(1)～(4)の問いに答えなさい。なお，図形の周の長さには，重なっている辺の部分は含めないものとする。

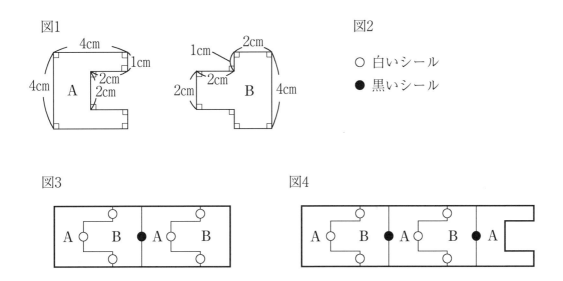

(1) カードAとBを6枚ずつつないだとき，できる図形の周の長さを求めなさい。

(2) カードAとBをm枚ずつつないだとき，できる図形の周の長さをmを用いた式で表しなさい。

(3) カードAを10枚，カードBを9枚つないだとき，使った白いシールと黒いシールの枚数をそれぞれ求めなさい。

(4) カードAとBをそれぞれ何枚かずつつないだとき，使った白いシールと黒いシールの枚数の合計が52枚となった。このとき，使った白いシールの枚数を求めなさい。

規則性と2次方程式の利用

〔8〕 下の図のように，自然数を1から小さい順に，縦にn個ずつ書いていく。このとき，横に並んでいる自然数を上から順に1行目，2行目，3行目，4行目，…とし，縦に並んでいる自然数を左から順に1列目，2列目，3列目，4列目，…とする。

　たとえば，3行目の1列目の自然数は3で，2行目の2列目の自然数は$(n+2)$である。n行目のn列目まで自然数を書くとき，次の(1)～(3)の問いに答えなさい。

	1列目	2列目	3列目	4列目	……	n列目
1行目	1	$n+1$	・	・	……	・
2行目	2	$n+2$	・	・	……	・
3行目	3	・	・	・	……	・
4行目	4	・	・	・	……	・
⋮	⋮	⋮	⋮	⋮	……	・
⋮	⋮	⋮	⋮	⋮	……	・
n行目	n	・	・	……	・

(1)　$n=10$のとき，10行目の10列目の自然数を求めなさい。

(2)　n行目の3列目の自然数をnを用いて表しなさい。

(3)　2行目のn列目の自然数が212のとき，nの値を求めなさい。

規則性と2次方程式の利用

〔9〕 下の図の1番目，2番目，3番目，4番目，…のように，同じ大きさの白と黒の正方形のタイルを使い，規則正しく並べた図形をつくっていく。このとき，次の(1)～(3)の問いに答えなさい。

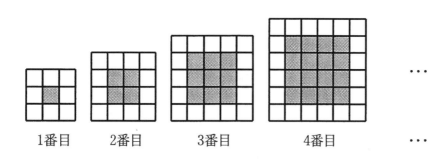

1番目　　2番目　　3番目　　4番目　…

(1)　5番目の図形に使われている黒いタイルの枚数を求めなさい。

(2)　n番目の図形に使われている白いタイルの枚数を，nを用いて表しなさい。

(3)　使われている黒いタイルの枚数が白いタイルの枚数より316枚多くなるのは，何番目の図形か，求めなさい。

規則性と２次方程式の利用

〔10〕 右の図のように，白と黒の合同な正三角形のタイル（以降, 白いタイル, 黒いタイルと呼ぶ）を規則的に並べていく。1段目には白いタイルを1枚置き，2段目以降は，左から白いタイルと黒いタイルが交互になるようにして，2段目には合わせて3枚，3段目には5枚，4段目には7枚，…と，並べる正三角形のタイルの枚数を2枚ずつ増やしていく。

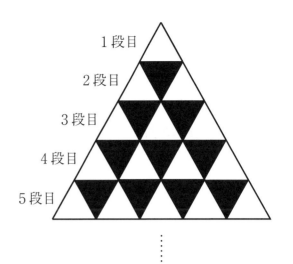

下の表は，各段に並べた白と黒のタイルの枚数と，その段までに並べた白と黒のそれぞれタイルの合計枚数，白と黒のタイルの総枚数を示したものである。

このとき，下の(1)，(2)の問いに答えなさい。

段（段目）	1	2	3	4	5	……	8	……
白いタイルの枚数(枚)	1	2	3	4	5	……	8	……
白いタイルの合計枚数(枚)	1	3	6	10	15	……	a	……
黒いタイルの枚数(枚)	0	1	2	3	4	……	7	……
黒いタイルの合計枚数(枚)	0	1	3	6	10	……	b	……
白と黒のタイルの総枚数(枚)	1	4	9	16	25	……	c	……

(1) 表のa，b，cに当てはまる値をそれぞれ求めなさい。

(2) n段目まで並べたとき，白いタイルの合計枚数をx枚とする。このとき，次の①～③の問いに答えなさい。

① 黒いタイルの合計枚数を，n，xを用いた式で表しなさい。

② xをnを用いた式で表しなさい。

③ 黒いタイルの合計枚数が66枚になるときのnの値を求めなさい。

規則性と2次方程式の利用

〔11〕 正方形の台紙に正方形の色紙を少しずつずらした位置にはって模様をつくることにした。

右の図において，四角形OPQRは1辺の長さが12cmの正方形の台紙である。また，OA＝OB＝$a$cmとして，aは$2 \leqq a \leqq 10$の整数とする。

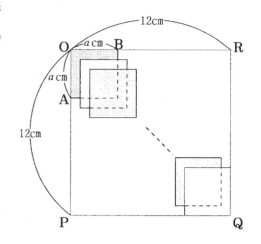

最初に，1辺の長さが$a$cmの正方形の色紙の3つの頂点をO，A，Bの位置に合わせて台紙にはる。

次に，その位置から右に1cm，下に1cmずらした位置に同じ大きさの別の色紙をはる。

同様に，右に1cm，下に1cmずつずらした位置に同じ大きさの別の色紙を次々とはりつづけ，色紙の右下の頂点がQと一致したときにはり終えるものとする。

このとき，次の(1)，(2)の問いに答えなさい。

(1) 次の表は，aの値を変えたときに，台紙にはり終えるのに必要な色紙の枚数がどのように変化するかを示した表の一部である。㋐～㋓に当てはまる数をそれぞれ求めなさい。

aの値	2	3	4	5	・・・	㋓	・・・
必要な色紙の枚数(枚)	11	㋐	㋑	㋒	・・・	4	・・・

(2) 台紙に色紙をはり終えたとき，正方形OPQRは色紙をはった部分と色紙をはらなかった部分とに分けられる。このとき，色紙をはった部分の面積をScm²，色紙をはらなかった部分の面積をTcm²として，次の①，②の問いに答えなさい。

① $a＝2$のとき，SとTとの比を最も簡単な整数の比で表しなさい。

② $S＝T$となるときのaの値を求めなさい。

関 数 と 図 形

関数と図形

《解法の要点》

　関数の問題は，放物線や直線のグラフについての問題と，図形や点の移動に伴って変化する数量の関係についての問題が出題されている。

　グラフについての問題は，図形との融合問題が多く，線分の長さや面積の求め方を理解しておく必要がある。また，数量の関係についての問題は，図形や点が動いたときに重なったり，点を結んだときにできる図形の面積を求められるようにすることが大切である。

●グラフについての問題

・2直線の交点の座標・・・2直線の式を連立方程式として解いて求める。

・x軸との交点のx座標・・・y座標が0だから，直線の式に$y=0$を代入して，xについて解く。

・y軸との交点のy座標・・・直線の式$y=ax+b$で，bの値（切片）になる。

〈例〉　下の図で，直線ℓ，mの式はそれぞれ$y=-x+6$，$y=2x+3$，放物線nの式は$y=ax^2$である。

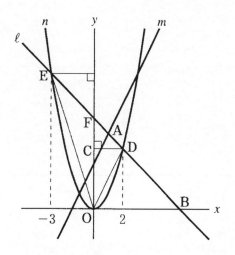

(1)　2直線ℓ，mの交点Aの座標は，$y=-x+6$，$y=2x+3$を連立方程式として解くと，$x=1$，$y=5$より，（1，5）

(2)　直線ℓとx軸との交点Bのx座標は，$y=-x+6$に$y=0$を代入して，$0=-x+6$より$x=6$

(3)　直線mとy軸との交点Cのy座標は，直線mの式が$y=2x+3$だから3

(4)　点D，Eは直線ℓと放物線n（$y=ax^2$）の交点で，x座標がそれぞれ2，−3である。

①　$x=2$を$y=-x+6$に代入して，$y=4$　よって，D（2，4）　aの値は，D（2，4）より，$4=a\times2^2$だから，$a=1$

②　△DEOの面積は，直線ℓとy軸との交点をFとすると，△DFO＋△EFOとなる。点Fのy座標は6，点D，Eのx座標はそれぞれ2，−3だから，辺OFを底辺とすると，△DEO＝△DFO＋△EFO＝$\dfrac{1}{2}\times6\times2+\dfrac{1}{2}\times6\times3=6+9=15$

●数量の関係についての問題

・変域に注意しながら，ともなって変化する数量の関係を式に表す。

〈例〉　下の図で，点Pが長方形ABCDの辺上を頂点Bを出発して，頂点Cを通り頂点Dまで毎秒1cmの速さで動く。点Pが頂点Bを出発してからx秒後の△ABPの面積を$y$cm²として，xとyの関係をグラフに表す。

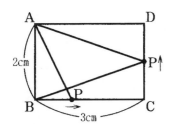

・点Pが辺BC上にあるとき，xの変域は$0 \leqq x \leqq 3$，このとき，$\triangle ABP = \dfrac{1}{2} \times BP \times AB$だから，

$$y = \frac{1}{2} \times x \times 2 = x$$

・点Pが辺CD上にあるとき，xの変域は$3 \leqq x \leqq 5$，このとき，$\triangle ABP = \dfrac{1}{2} \times AB \times AD$だから，

$$y = \frac{1}{2} \times 2 \times 3 = 3 \quad よって，グラフは下の図のようになる。$$

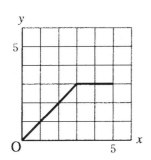

1次関数と図形

〔**1**〕 右の図で，直線 ℓ は関数 $y = -x + 8$ のグラフ，
直線 m は関数 $y = \dfrac{1}{2}x + 2$ のグラフで，点Aで交
わっている。また，直線 ℓ，m と x 軸との交点を
それぞれB，Cとし，直線 m 上に x 座標が点Bの
x 座標と等しい点Dをとる。このとき，次の(1)，
(2)の問いに答えなさい。

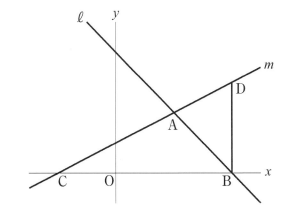

(1) 点Aの座標を求めなさい。

(2) △BDCの面積を求めなさい。ただし，座標軸の1目盛りは1cmとする。

1次関数と図形

〔**2**〕 右の図で，直線 ℓ は関数 $y = -x + 12$ のグラフであ
り，点Aは y 軸上の点で，その y 座標は -4 である。直
線 ℓ と x 軸，y 軸との交点をそれぞれB，Cとし，線分
BC上を動く点をPとする。また，2点A，Pを通る直
線を m とする。

このとき，次の(1)～(3)の問いに答えなさい。ただし，
座標軸の1目盛りは1cmとする。

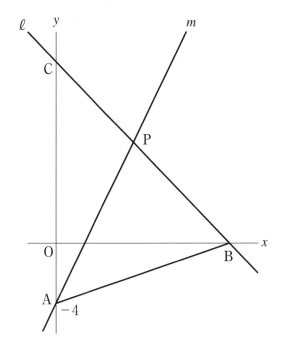

(1) 点Pの x 座標が4のとき，次の①，②の問いに答
えなさい。

① 直線 m の式を求めなさい。

② 関数 $y = \dfrac{a}{x}$ $(x > 0)$ のグラフが点Pを通るとき，
a の値を求めなさい。

(2) 線分APが x 軸によって2等分されるとき，点Pの座標を求めなさい。

(3) △ABPの面積が40cm²のとき，点Pの座標を求めなさい。

1次関数と図形

〔3〕 下の図でx軸上の点Cと2点A$(0, 8)$，B$(4, 4)$を結んで三角形ABCをつくるとき，次の(1)〜(3)の問いに答えなさい。ただし，点Cのx座標は正とする。

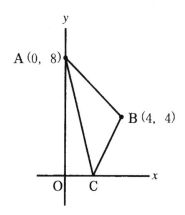

(1) 直線ABの式を求めなさい。

(2) Cのx座標が2のとき，△ABCの面積を求めなさい。

(3) △ABCと△OACの面積が等しくなるとき，Cのx座標を求めなさい。

1次関数と図形

〔4〕 右の図のように，2点A$(0, 12)$，B$(-4, 0)$を通る直線
ℓと，原点Oを通り直線ℓに平行な直線mがある。直線ℓ上に
x座標が-1の点C，直線m上にx座標が2の点Dをとるとき，
次の(1)〜(4)の問いに答えなさい。

(1) 直線mの式を求めなさい。

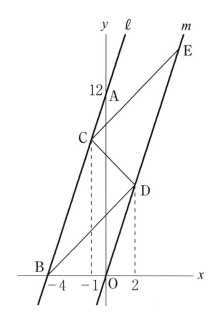

(2) 線分BDとy軸との交点のy座標を求めなさい。

(3) 四角形BDECが平行四辺形となるように，直線m上に点Eをとるとき，点Eの座標を求めなさい。

(4) △BDCの面積を求めなさい。

1次関数と図形

〔5〕 下の図のように，座標平面上に原点O(0，0)，点A(6，0)，点C(2，4)，点Bを頂点とする平行四辺形OABCがある。これについて，次の(1)〜(3)の問いに答えなさい。

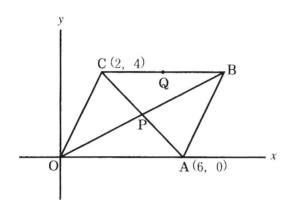

(1) 点Bの座標を求めなさい。

(2) 対角線の交点Pの座標を求めなさい。

(3) 辺BC上の点Qの座標が(5，4)のとき，点Qを通り，平行四辺形OABCを2等分する直線の方程式を求めなさい。

1次関数の利用

〔6〕 下の図のように，横21m，縦10m，高さ5mの水そうがあり，2つの仕切りで3つに分けられている。右の仕切り板の高さは2mで，2つの仕切りの間は10mとなっており，底面に対して垂直に立てられている。また，水そうの左側に毎分10m³の水を入れる水道管Aがあり，右側には毎分5m³の水を入れる水道管Bがある。このとき，次の(1)，(2)の問いに答えなさい。

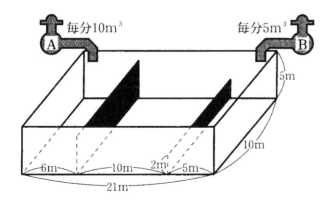

(1) 水道管Aだけを開け，水そうの左側だけに水を入れたら24分後に左側の仕切りいっぱいに水が入った。左側の仕切り板の高さは何mか，求めなさい。

(2) 水道管A，Bを同時に両方とも開け，水そうに水を入れるとき，左右の仕切りにはさまれた真ん中の水そうに入っている水の量をy m³とし，水そうに水を入れ始めてからの時間をx分とするとき，yをxの式で表しなさい。ただし，$20 \leqq x \leqq 24$のときと，$24 \leqq x \leqq 36$に分けて考えなさい。

1次関数の利用

〔7〕 一直線のジョギングコース上に，P地点と，そこから2800m離れたQ地点がある。

　Aさんは P地点から Q地点に向かって毎分80mの速さで歩いた。

　Bさんは Aさんと同時に P地点を出発し，Q地点に向かって一定の速さで歩いた。

　Cさんは，Aさんが P地点を出発するのと同時に Q地点を出発し，一定の速さで5分間走った後，7分間休憩して，再び休憩する前と同じ速さで走った。

　また，Cさんは Bさんと出会ってから1分後に Aさんと出会った。

　右の図は，Aさんが P地点を出発してから x 分後の，Aさんと Cさんの間の距離を y m として，2人が出会うまでの x と y の関係をグラフに表したものである。

　このとき，次の(1)～(4)の問いに答えなさい。

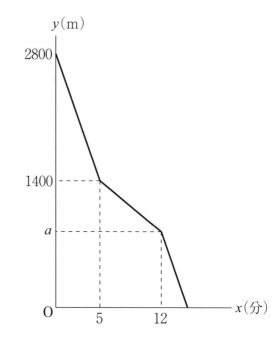

(1)　Aさんが5分間で歩いた距離を求めなさい。

(2)　図の a に当てはまる値を求めなさい。

(3)　Aさんと Cさんが出会った後，2人の距離が再び1400mになるのは，Aさんが P地点を出発してから何分後か，求めなさい。

(4)　Aさんは Bさんより何分遅れて Q地点に着いたか，求めなさい。

1 次関数の利用

〔8〕 次の(1), (2)の問いに答えなさい。

(1) 右の図のように，ＡＢ＝4cm，ＡＤ＝5cm，ＢＣ＝10cm，∠ＡＢＣ＝∠ＢＡＤ＝90°の台形ＡＢＣＤがある。点Ｐは頂点Ａを出発し，辺ＡＤ上を矢印の方向に毎秒1cmの速さで動き，頂点Ｄに着くと停止する。

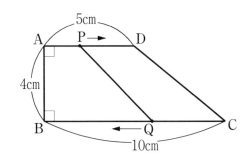

点Ｑは，点Ｐが頂点Ａを出発すると同時に頂点Ｃを出発し，辺ＣＢ上を矢印の方向に毎秒2cmの速さで動き，頂点Ｂに着くと停止する。

点Ｐ，Ｑがそれぞれ頂点Ａ，Ｃを出発してからの時間をx秒とするとき，次の①，②の問いに答えなさい。

① $0<x<5$のとき，四角形ＡＢＱＰの面積を$y$cm²とする。このとき，yをxの式で表しなさい。

② 四角形ＰＱＣＤの面積が17cm²になるときのxの値を求めなさい。

(2) 右の図のように，ＡＢ＝ＢＣ＝8cm，∠ＡＢＣ＝90°の直角二等辺三角形ＡＢＣがあり，点Ｍは辺ＡＣの中点である。点Ｐは頂点Ａを出発して，毎秒1cmの速さで辺ＡＢ，ＢＣ上を通って，頂点Ｃまで移動する。

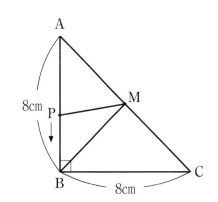

点Ｐが頂点Ａを出発してからx秒後の3点Ｂ，Ｍ，Ｐを結んでできる△ＢＭＰの面積を$y$cm²とするとき，次の①，②の問いに答えなさい。ただし，点Ｐが頂点Ｂ上にあるときは$y＝0$とする。

① $x＝3$のときのyの値を求めなさい。

② $8≦x≦16$のとき，yをxを用いた式で表しなさい。

1次関数の利用

〔**9**〕図1のように，長方形ＡＢＣＤと長方形ＥＦＧＨを組み合わせたＬ字型の図形ＡＢＧＨＥＤがあり，ＡＢ＝3cm，ＡＤ＝2cm，ＥＦ＝1cm，ＥＨ＝2cmである。また，長方形ＰＱＲＳがあり，ＰＱ＝3cm，ＰＳ＝6cmである。これら2つの図形は直線 ℓ に対して同じ側にあり，辺ＢＧと辺ＱＲは直線 ℓ 上にある。辺ＨＧと辺ＰＱが重なった状態から，長方形ＰＱＲＳを固定し，図形ＡＢＧＨＥＤを直線 ℓ に沿って矢印の方向に移動させる。図2は図形ＡＢＧＨＥＤが，途中まで移動したようすを表したものである。

図形ＡＢＧＨＥＤが x cm移動したときの2つの図形が重なる部分の面積を y cm²とするとき，次の(1)～(3)の問いに答えなさい。

図1

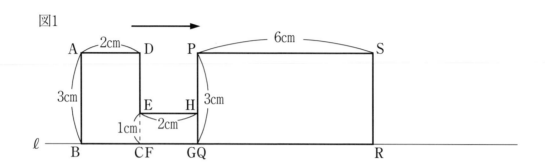

図2

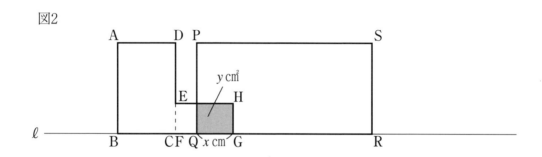

(1) $x=1$のとき，y の値を求めなさい。

(2) x の変域が次の①～③のとき，y を x を用いた式でそれぞれ表しなさい。

① $0 \leqq x \leqq 2$

② $2 \leqq x \leqq 4$

③ $6 \leqq x \leqq 8$

(3) 2つの図形の重なった部分の面積が，図形ＡＢＧＨＥＤの面積の $\dfrac{1}{2}$ になるときの x の値を，すべて求めなさい。

関数 $y = ax^2$ と図形

〔**10**〕 次の(1), (2)の問いに答えなさい。

(1) 右の図のように, 関数 $y = \dfrac{1}{4}x^2$ のグラフ上に2点A, B,
関数 $y = -\dfrac{1}{2}x^2$ のグラフ上に2点C, Dがある。2点A, Cの
x 座標は4, 2点B, Dの x 座標は -2 である。このとき, 次の
①, ②の問いに答えなさい。ただし, 座標軸の1目盛りは1cm
とする。

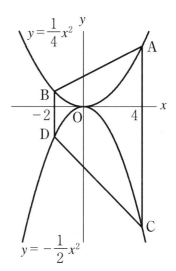

① 線分ACの長さを求めなさい。

② 四角形ABDCの面積を求めなさい。

(2) 右の図のように, 関数 $y = \dfrac{1}{4}x^2$ のグラフ上に点A,
関数 $y = ax^2$ のグラフ上に点B, y 軸上に点Cがあり,
点A, B, Cは一直線上にある。点Aの x 座標は4,
点Cの y 座標は2であるとき, 次の①, ②の問いに答
えなさい。

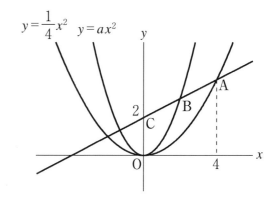

① 直線ABの式を求めなさい。

② AB＝BCのとき, a の値を求めなさい。

関数 $y = ax^2$ と図形

〔11〕 右の図のように，関数 $y = \dfrac{1}{4}x^2$ のグラフ上に3点A，B，
　　　Cがあり，その x 座標はそれぞれ -2，2，4である。この
　　　とき，次の(1)〜(4)の問いに答えなさい。

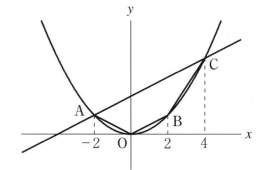

　　(1) 点Cの y 座標を求めなさい。

　　(2) 2点A，Cを通る直線の式を求めなさい。

　　(3) 四角形AOBCの面積を求めなさい。ただし，座標軸の1目もりは1cmとする。

　　(4) 原点Oを通り，四角形AOBCの面積を2等分する直線の式を求めなさい。

関数 $y = ax^2$ と図形

〔12〕 右の図において，曲線 ℓ は関数 $y = x^2$ のグラフである。2点A，Bは
　　　曲線 ℓ 上にあり，x 座標はそれぞれ -1，3である。点Pは，曲線 ℓ 上を
　　　点Aから点Bまで動く。

　　　また，直線ABと x 軸との交点をC，点Bから x 軸にひいた垂線と
　　x 軸との交点をDとする。

　　　このとき，次の(1)〜(4)の問いに答えなさい。

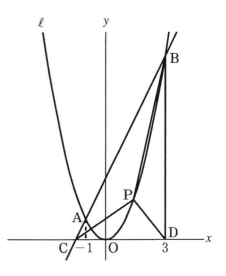

　　(1) 関数 $y = x^2$ について，x の変域が $-1 \leqq x \leqq 3$ のときの y の変域を
　　　　求めなさい。

　　(2) 直線ABの式を求めなさい。

　　(3) PO＝PDのとき，△PODの面積を求めなさい。
　　　　ただし，座標軸の1目盛りを1cmとする。

　　(4) △BDPの面積が△CDPの面積の $\dfrac{1}{2}$ になるとき，点Pの座標を求めなさい。

関数 $y = ax^2$ の利用

〔13〕 下の図のように，ＡＤ∥ＢＣ，∠ＡＤＣ＝∠ＢＣＤ＝90°の台形ＡＢＣＤがあり，ＡＤ＝2cm，ＢＣ＝12cm，ＣＤ＝8cmである。点Ｐは頂点Ａを出発し，毎秒1cmの速さで辺ＡＤ，ＤＣ上を通って，頂点Ｃまで移動する。点Ｑは，点Ｐが頂点Ａを出発するのと同時に頂点Ｄを出発し，毎秒2cmの速さで辺ＤＣ，ＣＢ上を通って，頂点Ｂまで移動する。このとき，点Ｐ，Ｑはそれぞれ途中で止まることなく移動するものとする。

点Ｐが頂点Ａを出発してから x 秒後の3点Ａ，Ｐ，Ｑを結んでできる△ＡＰＱの面積を y cm²とする。このとき，次の(1)～(4)の問いに答えなさい。ただし，点Ｐが頂点Ａ，点Ｑが頂点Ｄにあるときは，$y = 0$ とする。

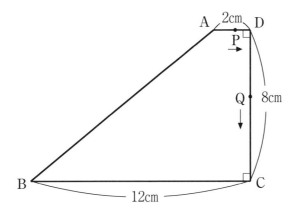

(1) 2点Ｐ，Ｑがそれぞれ頂点Ａ，Ｄを同時に出発してから1秒後の△ＡＰＱの面積を求めなさい。

(2) x の変域が次の①，②のとき，y を x を用いた式でそれぞれ表しなさい。

　① $0 \leq x \leq 2$

　② $2 \leq x \leq 4$

(3) $0 \leq x \leq 4$ のとき，x と y の関係を表すグラフをかきなさい。

(4) △ＡＰＱの面積が36cm²になるのは，2点Ｐ，Ｑがそれぞれ頂点Ａ，Ｄを出発してから何秒後か，求めなさい。

関数 $y = ax^2$ の利用

〔14〕 下の図1のように，AB＝3cm，AD＝6cmの長方形ABCDがある。点Pは頂点Aを出発し，辺AB，BC，CD上を毎秒1cmの速さで移動する。また，点Qは頂点Aを点Pと同時に出発し，辺AD上を毎秒1cmの速さで頂点Dまで移動し，頂点Dに着いたら3秒間停止する。その後，辺DC上を毎秒1cmの速さで移動する。なお，2点P，Qは，辺CD上で重なったときに停止するものとする。

2点P，Qが頂点Aを出発してから x 秒後に3点A，P，Qを結んでできる△APQの面積を y cm² とする。下の図2は，x と y の関係をグラフに表したものである。

このとき，次の(1)〜(4)の問いに答えなさい。ただし，2点P，Qが重なったときは $y = 0$ とする。

図1

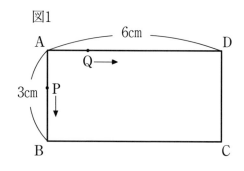

図2

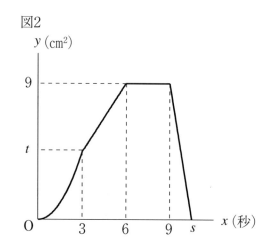

(1) 図2の t の値を求めなさい。

(2) 図2の s の値を求めなさい。

(3) $y = 6$ となるときの x の値をすべて求めなさい。

(4) 2点P，Qが辺CD上にあるとき，△APQと△AQDの面積が等しくなるのは，2点P，Qが頂点Aを出発してから何秒後か，求めなさい。

関数 $y＝ax^2$ と相似

〔15〕 下の図1のように，ＡＣ＝3cm，ＢＣ＝6cm，∠ＡＣＢ＝90°の直角三角形ＡＢＣと，ＤＦ＝4cm，ＥＦ＝8cm，

∠ＤＦＥ＝90°の直角三角形ＤＥＦがある。このとき，辺ＢＣと辺ＥＦは直線 ℓ 上にあり，頂点Ｃと頂点Ｅ

が重なっている。この状態から，△ＤＥＦを固定し，△ＡＢＣを直線 ℓ にそって矢印の向きに頂点Ｂが

頂点Ｆに重なるまで動かすものとする。

また，下の図2のように，△ＡＢＣを x cm動かしたとき，2つの三角形の重なっている部分の面積を

y cm²とする。

このとき，次の(1)～(4)の問いに答えなさい。

図1

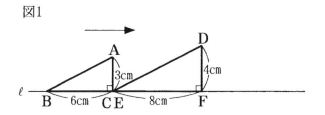

図2

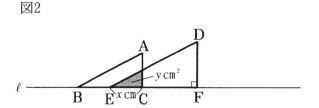

(1) $x＝2$のとき，y の値を求めなさい。

(2) $0≦x≦6$のとき，y を x の式で表しなさい。

(3) $0≦x≦8$のとき，x と y の関係を表すグラフをかきなさい。

(4) $y＝4$となるときの x の値をすべて求めなさい。

平面図形

平面図形

《解法の要点》

　平面図形の問題は，記述式の証明が出題される可能性が非常に高く，図形の性質を利用して，三角形の合同や相似，平行，2つの等しい角などを証明するものが目立つ。多くの問題をこなし，図形の性質を使いこなせるようにしよう。なお，三角形の相似の証明では，「2組の角がそれぞれ等しい」がよく使われる。

　また，おうぎ形の面積を求める問題，円の性質を使って角度を求める問題，相似の性質や三平方の定理を使って線分の長さ，面積を求める問題も出題される可能性が非常に高い。角度の問題では，三角形の内角と外角の関係を使うと計算が簡単になる場合がある。

　どれも，1年〜3年の全範囲の融合問題で，発展問題になっている。図形の性質を理解するだけでなく，様々な場面に応用できるように練習しておこう。

●三角形の合同条件

　・3組の辺がそれぞれ等しい。　　　・2組の辺とその間の角が　　　・1組の辺とその両端の角が
　　　　　　　　　　　　　　　　　　　それぞれ等しい。　　　　　　　それぞれ等しい。

●直角三角形の合同条件

　・斜辺と1つの鋭角がそれぞれ等しい。　　　・斜辺と他の1辺がそれぞれ等しい。

●二等辺三角形の性質

　・頂角の二等分線が底辺を垂直に2等分する。

　・2つの底角は等しい。

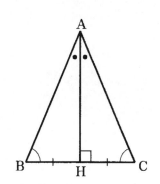

●平行四辺形になるための条件

  ・2組の対辺がそれぞれ平行である。

  ・2組の対辺はそれぞれ等しい。

  ・2組の対角はそれぞれ等しい。

  ・2つの対角線はそれぞれの中点で交わる。

  ・1組の対辺が平行で等しい。

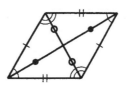

●三角形の相似条件

  ・2組の角がそれぞれ等しい。　　　・2組の辺の比が等しく，その　　　・3組の辺の比がすべて等しい。

　　　　　　　　　　　　　　　　　　間の角がそれぞれ等しい。

 　 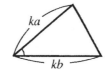　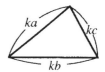

●中点連結定理

  ・ＡＢ，ＡＣの中点をそれぞれＭ，Ｎとすると，

  ＭＮ∥ＢＣ

  $MN = \dfrac{1}{2} BC$

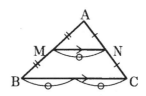

●三平方の定理

  ・$a^2 + b^2 = c^2$

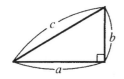

●特別な直角三角形の辺の比

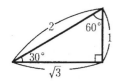

図形の性質と合同

〔1〕 下の図の平行四辺形ABCDにおいて，辺AB上に点Eを，CE＝CBとなるようにとる。

このとき，次の(1)，(2)の問いに答えなさい。

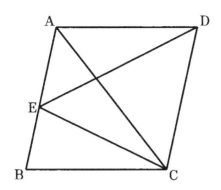

(1) ∠ADC＝∠DCEであることを証明しなさい。

(2) 点Eが辺ABの中点のとき，四角形AECDの面積は，△EBCの面積の何倍か，求めなさい。

図形の性質と合同

〔2〕 下の図で，四角形ABCDは長方形である。頂点Cを中心として，線分CBを半径とする円を長方形の
内部にかき，辺ADとの交点をEとする。

また，頂点Bから線分CEにひいた垂線と線分CEとの交点をFとする。

このとき，△BCF≡△CEDであることを証明しなさい。

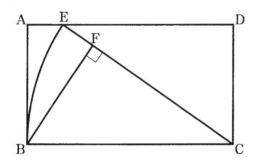

図形の性質と合同

〔3〕 下の図1のように，正方形ＡＢＣＤの辺ＡＢ上に点Ｅをとる。点Ｃから線分ＤＥにひいた垂線と線分
　　ＤＥ，辺ＡＤとの交点をそれぞれＦ，Ｇとする。

　　　このとき，次の(1)，(2)の問いに答えなさい。

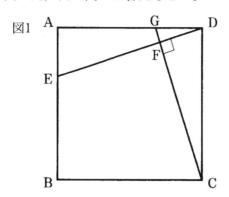

図1

(1)　△ＡＥＤ≡△ＤＧＣであることを証明しなさい。

(2)　下の図2のように，点Ｃと点Ｅを結ぶ線をかき加える。このとき，正方形ＡＢＣＤの1辺を8cm，
　　線分ＣＧ＝9cmとする。線分ＣＦの長さを求めなさい。

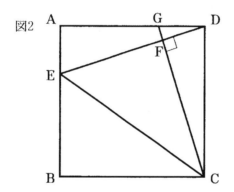

図2

図形の性質と合同

〔4〕 下の図で，点Ｄは△ＡＢＣの辺ＡＢ上の点，点Ｅ，Ｆは辺ＡＣ上の点であり，ＡＥ＝ＣＦ，
　　ＤＥ／／ＢＦである。また，点Ｇは線分ＢＦをＦの方向に延ばした直線上の点で，ＣＧ／／ＡＢである。この
　　とき，次の(1)，(2)の問いに答えなさい。

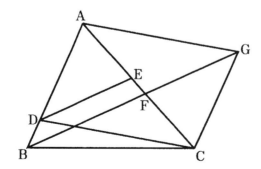

(1)　△ＡＤＥ≡△ＣＧＦであることを証明しなさい。

(2)　ＡＥ＝2ＥＦ，△ＡＤＥ＝4cm²のとき，四角形ＡＤＣＧの面積を求めなさい。

図形の性質と合同

〔5〕 下の図で正方形ABCDの対角線BDの延長上に点Pをとる。点Cから線分APに垂線CHをひき，ADとの交点をGとする。∠GCD＝22°とするとき，次の(1)，(2)の問いに答えなさい。

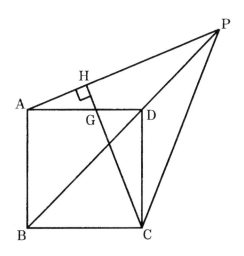

(1) ∠DAPの大きさを求めなさい。

(2) (1)を参考にし，∠DCG＝∠DCPを証明しなさい。

円と合同

〔6〕右の図で，△ABCは正三角形で，3つの頂点A，B，Cは円Oの周上にある。点Aを通り，辺BCに平行な直線上に点Dをとり，線分CDと円Oとの交点をE，線分BEと辺ACとの交点をFとする。このとき，△ABF≡△ACDであることを証明しなさい。

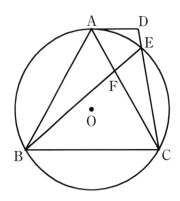

平面図形総合

〔**7**〕右の図で，△ＡＢＣは∠ＢＡＣ＝90°の直角二等辺三
　　角形である。頂点Ａを通る直線ℓに，頂点Ｂ，Ｃから
　　垂線をひき，直線ℓとの交点をそれぞれＤ，Ｅとする。
　　　また，△ＡＣＥを頂点Ｃを中心に，頂点Ａが辺ＢＣ
　　の延長上に移るように時計の針の回転の向きに回転移
　　動させたとき，頂点Ａの移った点をＦ，頂点Ｅの移っ
　　た点をＧとする。
　　　このとき，次の(1)～(3)の問いに答えなさい。

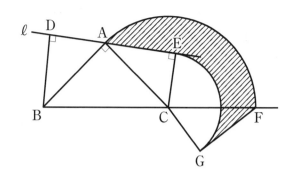

(1)　△ＡＢＤ≡△ＣＡＥであることを証明しなさい。

(2)　∠ＥＣＧの大きさを求めなさい。

(3)　ＡＢ＝10cm，ＡＤ＝6cm，ＢＤ＝8cmのとき，次の①，②の問いに答えなさい。

　①　四角形ＢＣＥＤの面積を求めなさい。

　②　辺ＡＥが通った部分（図の斜線部分）の面積を求めなさい。ただし，円周率はπとする。

相似

〔**8**〕 下の図のような四角形ＡＢＣＤで，∠ＡＢＣを2等分する対角線ＢＤが，対角線ＡＣと交わる点をＥと
するとき，ＣＥ＝ＣＤとなる。このとき，次の(1)，(2)の問いに答えなさい。

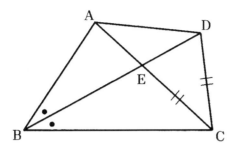

(1) △ＡＢＥ∽△ＣＢＤを証明しなさい。

(2) ＡＢ＝4cm，ＢＣ＝6cm，ＡＣ＝5cmのとき，ＡＥの長さを求めなさい。

相似

〔**9**〕 下の図のように，1辺20cmである正三角形ＡＢＣがある。辺ＢＣ上にＢＰ＝8cmとなるように点Ｐをとり，
辺ＡＣ上に，∠ＡＰＱ＝60°となるように点Ｑをとるとき，次の(1)，(2)の問いに答えなさい。

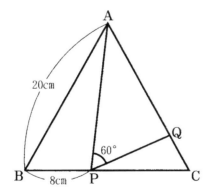

(1) △ＡＢＰ∽△ＰＣＱを証明しなさい。

(2) △ＡＢＰと△ＰＣＱの面積の比を最も簡単な整数で表しなさい。

相似

〔10〕下の図の長方形ＡＢＣＤは，ＡＢ＝6cm，ＢＣ＝4cmである。辺ＣＤ上に，ＣＥ：ＣＤ＝1：3となるように点Ｅをとり，辺ＡＤの中点をＦとする。辺ＢＣの延長線と辺ＡＥの延長線との交点をＨ，ＦＣとＡＨの交点をＧとするとき，次の(1)，(2)の問いに答えなさい。

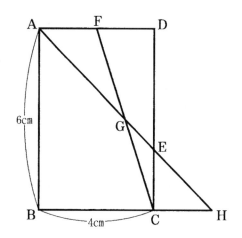

(1) 上の図において△ＡＤＥ∽△ＨＣＥであることを用いて，△ＧＡＦ≡△ＧＨＣを証明しなさい。

(2) △ＧＣＥの面積を求めなさい。

円と相似

〔11〕右の図のように，半円Ｏの $\overparen{AB}$ 上に点Ｃをとり，$\overparen{AC}$ 上に点Ｄをとる。そして，線分ＡＣと線分ＯＤ，ＢＤとの交点をそれぞれＥ，Ｆとする。このとき，△ＤＥＦ∽△ＣＥＤであることを証明しなさい。

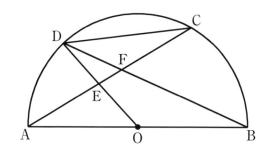

円と相似

〔12〕 下の図のように，ＡＢ＝ＡＣの二等辺三角形ＡＢＣの頂点Ａ，Ｂ，Ｃを通る円Ｏがある。∠ＡＢＣの二
　　 等分線とＡＣ，円Ｏとの交点を，それぞれＤ，ＥとしＢＣの延長とＡＥの延長との交点をＦとする。
　　 ∠ＢＡＣ＝56°，ＢＦ＝14cm，ＡＦ＝10cmとするとき，次の(1)〜(3)の問いに答えなさい。

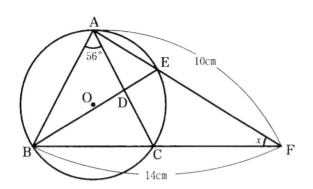

(1)　∠xの大きさを求めなさい。

(2)　△ＡＣＦ∽△ＢＥＦを証明しなさい。

(3)　ＥＦ＝$a$cmとし，ＡＢをaを用いて表しなさい。

〔13〕 下の図1において，ＯＡ＝ＯＢ＝8cm，∠ＡＯＢ＝90°の直角二等辺三角形ＯＡＢがあり，頂点Ｏを中心
とする半径4cmの円Ｏをかく。直角二等辺三角形ＯＡＢと円Ｏとの交点をそれぞれＣ，Ｄとする。

　　また，円Ｏの周上を動く点をＰとし，線分ＰＣの延長と辺ＡＢとの交点をＥ，線分ＰＤと辺ＡＯとの交
点をＦとする。

　　このとき，次の(1)，(2)の問いに答えなさい。ただし，点Ｐは直角二等辺三角形ＯＡＢの外側にあるもの
とし，∠ＰＯＣ＜90°とする。

図1

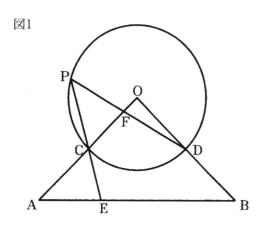

(1)　△ＡＥＣ∽△ＰＦＣであることを証明しなさい。

(2)　下の図2のように，2点Ａ，Ｐを結ぶ直線が円Ｏの接線になるとき，△ＡＣＰの面積を求めなさい。

図2

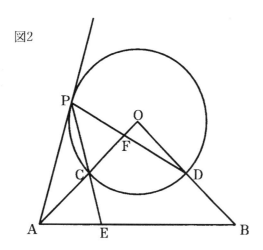

空　間　図　形

空間図形

《解法の要点》

　空間図形(立体)の問題は，相似や三平方の定理を絡めたかなり発展的な内容として出題される場合が多いため，数学の知識を総動員して考えることが大切である。

　線分の長さ，面積，体積を求める問題が中心なので，次のことをふまえながら解き進もう。

　・図の中に直角三角形をつくり，三平方の定理を利用して，辺や線分の長さを求められないか。

　・図の中に相似な三角形をつくり，相似比を利用して，辺や線分の長さを求められないか。

　また，空間図形の問題に平面図形の証明問題が出題された年度もある。解く際は空間図形内の三角形を実際にかいてみて，平面図形に置きかえてから証明しよう。

●空間内の直線や平面の位置関係

　・空間内の2平面の位置関係

　　①交わる　②平行である

　・空間内の平面と直線の位置関係

　　①直線は平面上にある　②交わる　③平行である

　・空間内の2直線の位置関係

　　①交わる　②平行である　③ねじれの位置にある

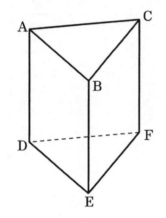

　(例1) 右の三角柱で，面DEFと平行な辺はどれか。

　　　→辺AB，辺BC，辺AC

　(例2) 右の三角柱で，辺ADと垂直な辺はどれか。

　　　→辺AB，辺AC，辺DE，辺DF

　(例3) 右の三角柱で，辺BCとねじれの位置にある辺はどれか。

　　　→辺AD，辺DE，辺DF

●立体の計量

　・立方体

　　体積　　$V = a^3$

　　表面積　$S = 6a^2$

　　対角線の長さ　$\ell = \sqrt{3}\,a$

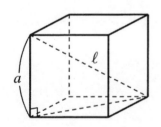

　・直方体

　　体積　　$V = abc$

　　表面積　$S = 2(ab + ac + bc)$

　　対角線の長さ　$\ell = \sqrt{a^2 + b^2 + c^2}$

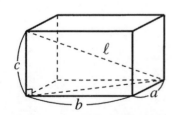

・円すい

体積　$V = \dfrac{1}{3}\pi a^2 h$

表面積　$S = \pi a^2 + \pi b^2 \times \dfrac{2\pi a}{2\pi b} = \pi a^2 + \pi a b$

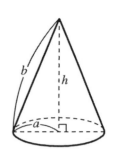

・四角すい

体積　$V = \dfrac{1}{3}a b h$

表面積　$S = ab + \dfrac{1}{2}ad \times 2 + \dfrac{1}{2}be \times 2 = ab + ad + be$

$\triangle$ABCで，$AB^2 = a^2 + b^2$　　$\triangle$OAHで，$c^2 = \left(\dfrac{AB}{2}\right)^2 + h^2$

$\triangle$OADで，$c^2 = \left(\dfrac{a}{2}\right)^2 + d^2$　　$\triangle$ODHで，$d^2 = \left(\dfrac{b}{2}\right)^2 + h^2$

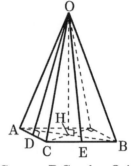

AC$=a$，BC$=b$，OA$=c$
OD$=d$，OE$=e$，OH$=h$
とする。

●立体の中の相似な三角形

　下の図の三角柱で，辺AC，BCの中点をそれぞれP，Qとする。

・中点連結定理より，PQ//ABだから，$\angle$CAB$=$$\angle$CPQ，$\angle$CBA$=$$\angle$CQP　よって，2組の角が
それぞれ等しいから，$\triangle$CAB$\infty$$\triangle$CPQ

・PEとQDの交点をRとすると，PQ//AB，AB//DEより，PQ//DE　よって，$\angle$RPQ$=$
$\angle$RED，$\angle$RQP$=$$\angle$RDE　したがって，2組の角がそれぞれ等しいから，$\triangle$PRQ$\infty$$\triangle$ERD

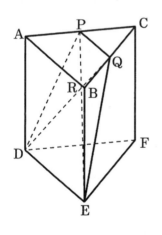 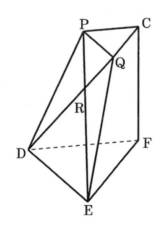

空間図形

[1] 右の図1のような，三角すいA－BCDがあり，∠ABC＝
∠ABD＝∠CBD＝90°である。図2の六角形PDBCRQは，
この三角すいの展開図であり，BC＝BD＝3cm，PQ＝4cm，
DQ＝5cmである。

このとき，次の(1)～(4)の問いに答えなさい。

(1) 図2の展開図を組み立てたとき，頂点Bと重なる点をすべ
て答えなさい。

(2) 図2で，3つの角∠PDB，∠BCR，∠PQRの大きさ
の和を求めなさい。

(3) 三角すいA－BCDで，底面を△ACDとするときの側面
積を求めなさい。

(4) 三角すいA－BCDの体積を求めなさい。

図1

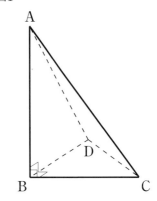

図2

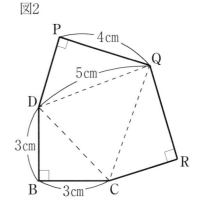

空間図形

[2] 右の図のように，半径6cmの円Oを底面とする半球が
ある。円Oの周上に4点A，B，C，Dを，四角形AB
CDが正方形になるようにとる。また，点Oを通り底面
に垂直な直線と半球の曲面との交点をPとする。

このとき，次の(1)～(4)の問いに答えなさい。ただし，
円周率はπとする。

(1) 点B，Cをふくまない方の $\overset{\frown}{\mathrm{AD}}$ の長さを求めな
さい。

(2) ∠APBの大きさを求めなさい。

(3) 半球の表面積を求めなさい。

(4) 立体P－ABCDの体積を求めなさい。

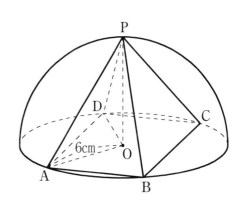

空間図形

〔**3**〕 下の図1のように，4つの点O，A，B，Cを頂点とする三角すいO－ABCがあり，OA＝8cm，AB ＝AC＝4cm，∠BAC＝∠OAB＝∠OAC＝90°である。また，三角すいO－ABCの展開図をかい たところ，図2のような正方形となった。

　　　　このとき，次の(1)～(3)の問いに答えなさい。

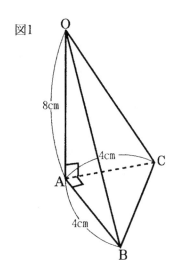

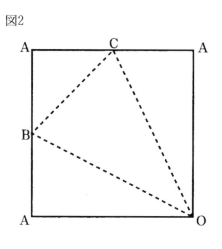

(1) 三角すいO－ABCの体積を求めなさい。

(2) 展開図を利用して，三角形OBCの面積を求めなさい。

(3) 三角すいO－ABCにおいて，頂点Aから平面OBCに垂線をひき，平面OBCとの交点をHとする。 このとき，線分AHの長さを求めなさい。

空間図形

〔**4**〕 下の図の立体ABCD－EFGHは，立方体である。辺AB上に点Pをとり，DEの中点をQとすると き，次の(1)～(3)の問いに答えなさい。

(1) 辺AQと垂直な線分を，次のア～オからすべて選び，記号で答えなさい。

　　　ア AP　　　　イ DP　　　　ウ EP　　　　エ DE　　　　オ PQ

(2) 点Pが頂点Aから頂点Bまで動くとき，∠DPEの大きさをx°として，xのとる値の範囲を求めな さい。

(3) DE＝10cm，△APQ＝15cm²のとき，線分APの長さを求めなさい。

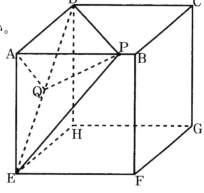

空間図形

〔5〕 右のような，底面が直径4cmの円で，高さが6cmの円柱Aと，底
　　面が直径8cmの円で，高さが12cmの円柱の容器Bがある。
　　　このとき，次の(1)〜(3)の問いに答えなさい。ただし，円周率は
　　πとし，円柱Aは水を通さず，容器Bの厚さは考えないものとす
　　る。

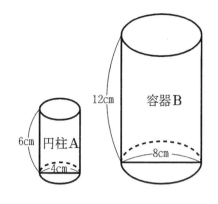

(1)　円柱Aの表面積を求めなさい。

(2)　図1のように，容器Bに円柱Aを入れ，さらにその中に水を，水面が円柱
　　Aと同じ高さになるまで入れた。このとき，入れた水の体積を求めなさい。
　　ただし，円柱Aの底面は容器Bの底についているものとする。

図1

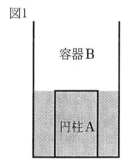

(3)　図2のように，容器Bの中に，水面が底から6cmになるまで水を入れ，そ
　　の中に円柱Aを途中まで入れたところ，容器Bの底から水面までの高さが
　　7cmになった。このとき，円柱Aが水に入っている部分の高さ（図のx）を求
　　めなさい。ただし，円柱Aの底面は容器Bの底に平行になっているものと
　　する。

図2

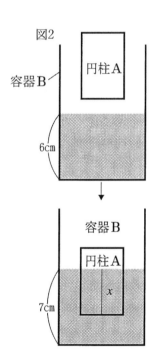

空間図形

〔**6**〕右の図1のように，三角柱ＡＢＣ－ＤＥＦがあり，ＡＢ＝5cm，
ＢＣ＝4cm，ＡＣ＝ＡＤ＝3cm，∠ＡＣＢ＝90°である。
このとき，次の(1)～(3)の問いに答えなさい。

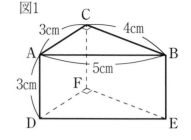

図1

(1) △ＤＥＦを底面とするときの側面積を求めなさい。

(2) 図2のように，辺ＤＥの中点をＧとするとき，三角すい
Ｃ－ＥＦＧの体積を求めなさい。

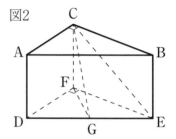

図2

(3) 図3のように，辺ＤＥ上に点ＨをＤＨ＝1cmとなるように
とり，辺ＡＤ上に点ＰをＣＰ＋ＰＨの長さが最も短くなる
ようにとる。このとき，ＣＰ＋ＰＨの長さを求めなさい。

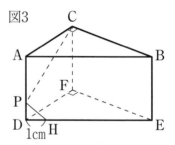

図3

空間図形

〔**7**〕下の図で，立体ＡＢＣ－ＤＥＦは，ＡＢ＝ＢＥ＝8cm，ＢＣ＝10cm，ＡＣ＝6cm，∠ＢＡＣ＝90°の三角
柱である。

点Ｐは頂点Ａを出発して，辺ＡＢ，ＢＥ上を毎秒2cmの速さで頂点Ｅまで動く。点Ｑは頂点Ａを出発し
て，辺ＡＣ，ＣＦ上を毎秒1cmの速さで動く。

また，2点Ｐ，Ｑは頂点Ａを同時に出発し，点Ｐが頂点Ｅに到着すると同時に点Ｑも停止する。

このとき，次の(1)～(3)の問いに答えなさい。

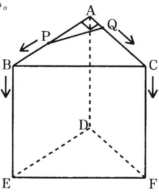

(1) 2点Ｐ，Ｑが頂点Ａを出発してから2秒後の△ＡＰＱの面積を求めなさい。

(2) 点Ｑが点Ｃと一致するとき，4点Ａ，Ｂ，Ｃ，Ｐを頂点とする三角すいの体積を求めなさい。

(3) 点Ｐが辺ＢＥ上に，点Ｑが辺ＣＦ上にあり，四角形ＰＥＦＱの面積が50cm²になるのは，2点Ｐ，Ｑが
頂点Ａを出発してから何秒後か，求めなさい。

空間図形と相似

〔8〕 下の図は，A，B，C，Dを頂点とする四面体で，∠ADB＝∠ADC＝∠BDC＝90°，DB＝DC
である。また，E，F，G，Hはそれぞれ辺AB，AC，DB，DCの中点である。

AD＝4cm，DB＝6cmのとき，次の(1)～(4)の問いに答えなさい。

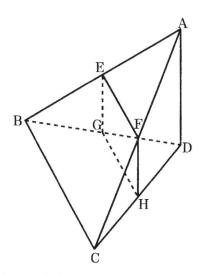

(1) △ABC∽△AEFを証明しなさい。

(2) 線分EGの長さを求めなさい。

(3) △FCHと四角形AFHDの面積の比を最も簡単な整数の比で表しなさい。

(4) 6点A，E，F，D，G，Hを頂点とする立体の体積を求めなさい。

空間図形と相似

〔9〕 右の図のように，AB＝AD＝6cm，BF＝9cmの直方
体ABCD－EFGHがある。点I，J，K，L，M，N
は，それぞれ線分BD，辺BC，線分BG，辺CD，辺CG，
線分DG上の点で，線分IJ，MNは辺ABに平行，線分
ILは辺BCに平行，線分JK，LNは辺BFに平行である。

BI：ID＝1：2のとき，次の(1)～(4)の問いに答えな
さい。

(1) 線分IJの長さを求めなさい。

(2) 四角形JKMCの面積を求めなさい。

(3) 三角すいGKMNの体積を求めなさい。

(4) 立体IJK－LCMNの体積を求めなさい。

空間図形と三平方の定理

〔10〕 下の図1のように，底面がED＝EF＝6cm，∠DEF＝90°の直角二等辺三角形で，高さが4cmの三角柱の容器がある。これを水平におき，深さ3cmまで水を入れる。

このとき，次の(1)〜(3)の問いに答えなさい。ただし，容器にはふたがないものとする。

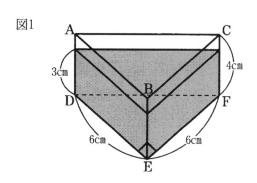

図1

(1) 四角形ADFCの面積を求めなさい。

(2) この容器を傾け，下の図2のように，水面が3点B，C，Dを通る状態で止めた。このとき，こぼれた水の体積を求めなさい。

(3) この容器をさらに傾け，図3のように，水面が3点B，F，Dを通る状態で止めた。このとき，水面の△BFDと頂点Eとの最短距離を求めなさい。

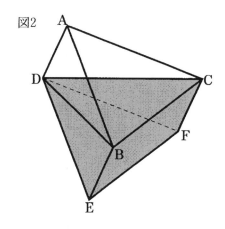

図2

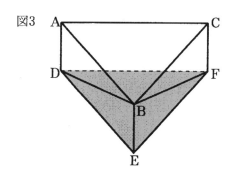

図3

空間図形と三平方の定理

[11] 下の図のような正方形BCDEを底面とし，Aを頂点とする正四角すいがあり，AB＝AC＝AD＝AE＝6cm，BC＝4cmである。辺ABの中点をMとするとき，次の(1)～(3)の問いに答えなさい。

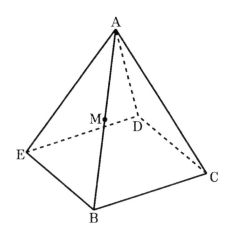

(1) 辺ABとねじれの位置にある辺をすべて書きなさい。

(2) 点Mから辺BCと平行になる直線をひき，辺ACとの交点をNとする。このとき，四角形MBCNの面積を求めなさい。

(3) A，C，E，Mを頂点とする立体の体積を求めなさい。

空間図形と相似，三平方の定理

[12] 右の図のように，AB＝BE＝4cm，AC＝BC＝8cmの三角柱ABC－DEFがある。辺AC上に点PをAP＝1cmとなるようにとり，点Pを通り辺ADに平行な直線と線分AF，辺DFとの交点をそれぞれQ，Rとする。このとき，次の(1)～(4)の問いに答えなさい。

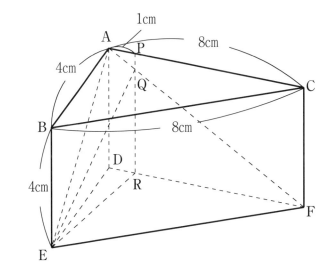

(1) 線分AEと線分AFの長さを，それぞれ求めなさい。

(2) 四角形PQFCの面積を求めなさい。

(3) △ABCの面積を求めなさい。

(4) 四角すいE－ADRQの体積を求めなさい。

空間図形と相似，三平方の定理

[13] 下の図のように，1辺の長さが6cmの立方体ABCD－EFGHがある。辺BF，DH，CGの中点をそれぞれP，Q，Rとするとき，次の(1)～(4)の問いに答えなさい。

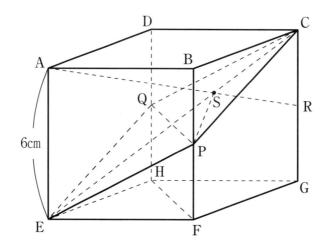

(1) 線分PQの長さを求めなさい。

(2) 四角形CQEPの面積を求めなさい。

(3) 立体EPQHFの体積を求めなさい。

(4) 線分ARと面CQEPとの交点をSとするとき，線分PSの長さを求めなさい。

会 話 文 形 式

会話文形式（論理的思考）

《解法の要点》

　近年の入試では「思考力・判断力・表現力」をみる問題を重視している。会話文形式の問題で，論理的思考力を高めよう。

　会話文形式の問題は，いろいろな分野から出題されると考えてよい。式の計算だけでなく，規則性や図形，確率なども会話形式で出題できる。

　文章が長くなるので，整理して，通常の問題にして考えよう。また，会話の中に問題を解くカギがかくれていることが多いので，見逃さないようにしよう。

　また，直近では，カードを取り出す手順を説明して，取り出したカードの数値を読み取り作業をさせて，その結果を考察し，値を求めたり証明をさせたりするという問題もみられた。

　「思考力・判断力・表現力」をみる問題もいろいろなパターンの問題が考えられるが，まずは，会話文形式の問題にチャレンジすることにより，論理的思考力を高めていこう。

●会話文形式の問題を解くコツ

　次の例題で，問題の解き方を調べてみよう。

〈例〉　太郎さんは右の図のように，自然数の書かれたカードを順に並べていた。それを見ていた花子さんと太郎さんの次の会話を読んで，あとの(1)，(2)の問いに答えなさい。

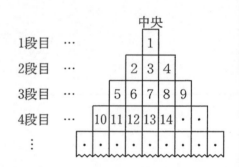

花子：太郎さんの並べ方だと，全部並べなくても，どこにどんな数が書かれたカードがくるか分かるわね。

太郎：えっ，どうして分かるの。たとえば，6段目の左から3番目のカードに書かれた数は，何になるの。

花子：　　a　　になるわ。なぜなら，各段の b 右端のカードに書かれた数に規則性があるからよ。

太郎：本当だ。ほかにも，何かないかな…。c 各段の真ん中のカードに書かれた数にも規則性がありそうだ。

(1)　　a　　に当てはまる数を求めなさい。

(2)　n 段目に並ぶカードについて，次の①，②の問いに答えなさい。

　①　下線部分 b について，n 段目の右端のカードに書かれた数を n を用いて表しなさい。

　②　下線部分 c について，n 段目の真ん中のカードに書かれた数を n を用いて表しなさい。ただし，$n \geqq 2$ とする。

〈解法〉

問題を整理すると，次のようになる。

右の図のように，自然数の書かれたカードが並んでいる。これについて，次の(1)，(2)の問いに答えなさい。

(1) 6段目の3番目の数を求めなさい。

(2)① n段目の右端の数を，nを使った式で表しなさい。

② n段目の真ん中のカードに書かれた数を，nを使った式で表しなさい。

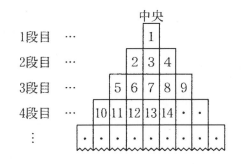

これを解けばよい。

(1) 会話文中に，「右端のカードに書かれた数に規則性がある」とあるので，その規則性をさがそう。

右端の数は，1，4，9と平方数(ある数の2乗になっている数)になっていて，その段数を2乗した数になることがわかる。すなわち，5段目の右端の数は5^2＝25で，6段目の左端の数は，25＋1＝26　2番目の数は27，3番目の数は28となる。

(2)① (1)ができれば簡単。n^2となる。

② 「n段目の真ん中のカードに書かれた数＝(n段目の左端の数＋n段目の右端の数)÷2」である点に注目する。n段目の左端の数は，($n-1$)段目の右端の数より1大きいので，$(n-1)^2+1$。n段目の右端の数は，①よりn^2。よって，$\{(n-1)^2+1+n^2\}÷2＝(2n^2-2n+2)÷2＝n^2-n+1$

数の性質と文字式の利用

〔1〕 Aさんは，連続する自然数の和の求め方について，簡単に計算できる方法を見つけ，Bさんに説明した。Bさんは，Aさんの方法を参考にして，連続する正の偶数の和を求める方法を考えた。次のⅠ，Ⅱは，AさんとBさんの方法とその説明を，それぞれまとめたものである。このとき，下の(1)〜(3)の問いに答えなさい。

Ⅰ 〈Aさんの見つけた方法とその説明〉

1から10までの連続する自然数の和は，右の図のように，次の $\boxed{1}$ 〜 $\boxed{4}$ の手順で求めることができる。

$$
\begin{array}{c}
1+2+3+4+5+6+7+8+9+10 \\
+)\ 10+9+8+7+6+5+4+3+2+1 \\
\hline
11+11+11+11+11+11+11+11+11+11
\end{array}
$$

$\boxed{1}$ 1から10まで小さい順に並べる。

$\boxed{2}$ $\boxed{1}$ の下に，10から1まで大きい順に並べる。

$\boxed{3}$ $\boxed{1}$ と $\boxed{2}$ を縦にたすと，どれも11になり，その合計は11が10個分と考えられるので11×10＝110になる。

$\boxed{4}$ $\boxed{3}$ は，1から10までの自然数を2回たしていることになるから，110を2でわった値が1から10までの和になる。

よって，1から10までの連続する自然数の和は，110÷2＝55となる。

このように考えると，1から m までの連続する自然数の和は，$\boxed{1}$ 〜 $\boxed{3}$ の手順で行うと，その合計は $\boxed{X}$ が m 個分と考えられ，その合計を $\boxed{4}$ の手順のように2でわった値が，1から m までの連続する自然数の和になる。よって，

$$1+2+3+\cdots+(m-1)+m=\left(\boxed{X}\right)\times m\div 2=\frac{m\left(\boxed{X}\right)}{2}$$

となる。

Ⅱ 〈Bさんの考えた方法と説明〉

2から $2m$ までの連続する正の偶数の和は，次のように求めることができる。Ⅰの $\boxed{1}$ 〜 $\boxed{4}$ の手順で行うと，

$$2+4+6+\cdots+2(m-1)+2m$$
$$=\left(\boxed{Y}\right)\times m\div 2$$
$$=\boxed{Z}$$

となる。

---

(1) $\boxed{X}$，$\boxed{Y}$，$\boxed{Z}$ に当てはまる式をそれぞれ書きなさい。

(2) 2から100までの連続する偶数の和を求めなさい。

(3) 次の①，②のような，連続する奇数や自然数の和を，n を使った式でそれぞれ表しなさい。ただし，n は整数とする。

① $1+3+5+7+\cdots+(2n-1)$

② $20+21+22+\cdots+n$

数の性質と文字式の利用

〔2〕 AさんとBさんは倍数の見分け方について話している。下の文は，そのときの会話の一部である。この文を読んで，下の(1)～(3)の問いに答えなさい。

Aさん：2の倍数は，一の位の数が偶数であれば2の倍数とすぐわかるけど，3の倍数を見分けるうまい方法はないのかな。

Bさん：参考書に，「<u>各位の数の和が3の倍数であれば，3の倍数になる</u>」と書いてあったわ。
　　　　Ⅰ
　　　　例えば，216の各位の数の和は，2＋1＋6＝9で，9は3の倍数だから216は3の倍数になるそうよ。

Aさん：216を3でわると　 ア 　だから，確かに3の倍数だね。

Bさん：また，参考書には，「<u>下2けたが4の倍数であれば，4の倍数になる</u>」とも書いてあったわ。
　　　　　　　　　　　　Ⅱ
　　　　例えば，612の下2けたは12で，12は4の倍数だから，612は4の倍数になるそうよ。

Aさん：216と612をよく見てみると，両方とも各位の数の和が3の倍数になっているし，下2けたも4の倍数になっているね。すると，216と612は，2や　 イ 　や12の倍数でもあるんだ。

Bさん：参考書に書いてあるから，正しいはずだけど，文字式を利用して調べてみましょう。

Aさん：整数には，2けた，3けた，…があるけど，3けたの整数について調べてみようよ。
　　　　僕は，3の倍数について調べるから，Bさんは4の倍数について調べてみて。

---

(1) 　 ア 　，　 イ 　に当てはまる数を，それぞれ答えなさい。ただし，　 イ 　には4より大きく12より小さい整数が入るものとする。

(2) Aさんは，下線部Ⅰが成り立つことを，3けたの整数について次のように説明した。この説明が正しくなるように，　 ウ 　，　 エ 　に当てはまる式を答えなさい。

(説明) 3けたの整数の百の位の数をa，十の位の数をb，一の位の数をcとすると，3けたの整数は，

　 ウ 　＋10b＋c…①と表される。

また，各位の数の和が3の倍数だから，mを整数とすると，

$a＋b＋c＝3m$…②

①を変形すると，$99a＋9b＋(a＋b＋c)$

この式に②を代入すると，$99a＋9b＋3m＝3($ 　 エ 　 $)$

　 エ 　は整数だから，3(　 エ 　)は3の倍数である。

したがって，各位の数の和が3の倍数である3けたの整数は3の倍数である。

(3) 3けたの整数について，下線部Ⅱが成り立つことを，百の位の数をa，十の位の数をb，一の位の数をcとして説明しなさい。

多項式の計算の利用

〔3〕 次の文は，ある中学校の先生と生徒の会話の一部である。この文を読んで，下の(1)～(3)の問いに答えなさい。

先生 ：右の表のような，1から36までの自然数を，上から下へ6つずつ，左から右へ，順に書き並べた表をもとにして，この表の中に並んでいる数について，どんなきまりがあるか調べてみましょう。

表

1	7	13	19	25	31
2	8	14	20	26	32
3	9	15	21	27	33
4	10	16	22	28	34
5	11	17	23	29	35
6	12	18	24	30	36

たとえば，例1の1，7，13や9，15，21のように，横に並んでいる3つの自然数に着目するとき，この3つの自然数の間でつねに成り立つことを考えてみましょう。

Aさん：横に並んでいる3つの数の和は，つねに真ん中の数の ［ ア ］ 倍になります。

例1

1	7	13

9	15	21

先生 ：そうですね。では，例2の1，2，7，8や4，5，10，11のように，縦，横2つずつ正方形の形に並んでいる4つの自然数に着目すると，4つの自然数の間でつねに成り立つこととして，どんなことがありますか。

Bさん：右上と左下の数の和と左上と右下の数の和は，つねに等しくなります。

例2

1	7		4	10
2	8		5	11

先生 ：そうですね。そのほかに何かありますか。

Cさん：右上と左下の数の積から，左上と右下の数の積をひくと，つねに一定の数6になります。

先生 ：なるほど。それでは，Cさんの述べたことがつねに成り立つかどうか，文字式を使って確かめてみましょう。

Dさん：正方形の形に並んだ4つの自然数のうち，左上の数をnとすると，左下の数は ［ イ ］，右上の数は ［ ウ ］，右下の数は ［ エ ］ と表せます。この式を利用すると説明できます。

(1) ［ ア ］ にあてはまる数を，答えなさい。

(2) ［ イ ］，［ ウ ］，［ エ ］ にあてはまる式を，それぞれ答えなさい。

(3) Dさんが作った式を利用して，下線部が成り立つことを説明しなさい。

多項式の計算の利用

〔**4**〕 右の図1は，縦が5cm，横が7cmの長方形の縦を5等分，横を7等分
した図形である。この図形の中には，縦と横の線分で囲まれてでき
るいろいろな大きさの正方形がある。

　次の文は，これらの正方形の個数を求めようとしている先生と生
徒の会話の一部である。この会話を読み，あとの(1)〜(4)の問いに答
えなさい。

先生：この図形の中にある正方形の種類と，それぞれの個数の求め
　　　方について話し合ってください。

友子：図1の中には，1辺の長さが1cm，2cm，……の　　a　　種
　　　類の正方形があるわ。

香里：1辺が1cmの正方形の個数はすぐわかるよ。

友子：縦1列に5個，横1列に7個あるから，全部で5×7＝35（個）だね。

陽子：1辺が2cmの正方形はいくつあるのかしら。

正行：そうだね。図2のように，正方形を順にかいて数えてみよう
　　　よ。

健太：でも，そうすると正方形が重なったりして数えにくいよ。

友子：数えやすくする方法はないかしら。

香里：図3のように，正方形の左上の頂点に●印をつけていって，
　　　それを数えてみたらどうかしら。

正行：そうか！どれか1つの頂点に注目すれば，簡単に数えられそうだ。そうすると，●印は縦1列に
　　　　　b　　個，横1列に　　c　　個あるから，1辺が2cmの正方形は，　　b　　×　　c
　　　＝　　d　　（個）あると思うよ。

先生：そろそろいいですか。みなさん，正方形の個数の求め方について，何か気づいたようですね。そし
　　　て，正行君の求め方は合っています。

　　　それでは，1辺が$n$cmの正方形は何個ありますか。ただし，$n \leqq 5$とします。

友子：1辺が1cmのとき，縦1列の点の個数は5個，2cmのときは　　b　　個，3cmのときは3個のようにな
　　　るから，$n$cmのときは（　e　）個で，正方形は全部で，（　e　）×（　f　）＝　　g　　（個）あ
　　　ります。

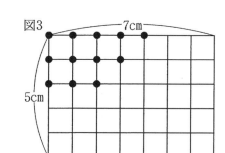

図1　　　　7cm

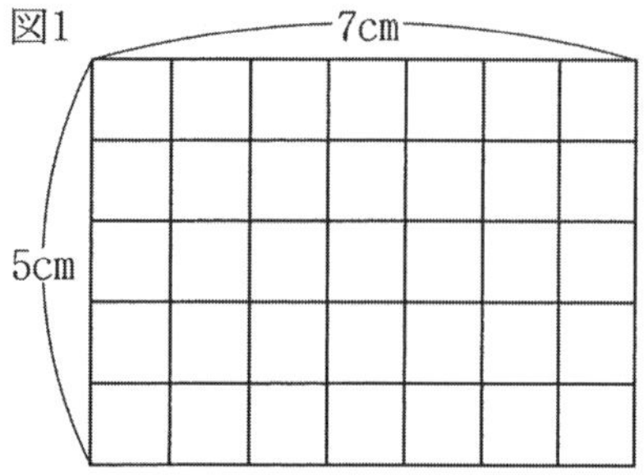

5cm

図2　　　　7cm

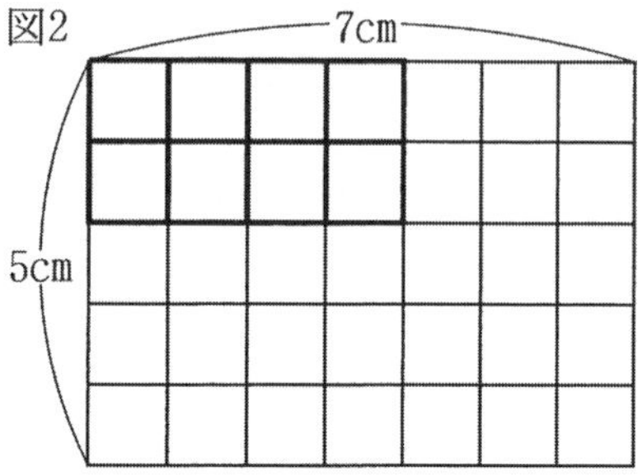

5cm

図3　　　　7cm

5cm

先生：その通りです。次に，ちょっと難しくして，次の問題を考えてみましょう。

「下の図4は，縦が x cm，横が y cmの長方形の縦を x 等分，横を y 等分した図形である。この図形の中には，縦と横の線分で囲まれてできる1辺が4cmの正方形は何個あるか。x，y を使って表しなさい。ただし，$x \geqq 4$，$y \geqq 4$ である。」

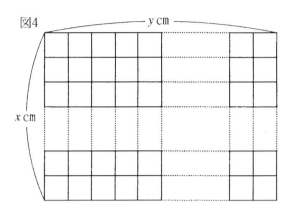

図4

(1) ［ a ］に当てはまる数を答えなさい。

(2) ［ b ］，［ c ］，［ d ］に当てはまる数を，それぞれ答えなさい。

(3) e，f，gに当てはまる式を，それぞれ答えなさい。

(4) 下線部分の答えを求めなさい。

関数とグラフの利用

〔5〕右の図1のような，縦20cm，横30cm，高さ40cmの直方体の形をした空の
　水そうがいくつかある。どの水そうの上方にも水道管が1つあり，栓を開
　くと毎分1000cm³の一定の割合で水が水そうの中に入る。

　水道管の栓を開いて空の水そうに水を入れ始めてから，x分後の水面の
　高さを$y$cmとする。

　右の図2は，図1の水そうに水を入れ始めてから，水面の高さ
　が30cmになるまでの，xとyの関係をグラフに表したものである。
　このとき，次の(1)，(2)の問いに答えなさい。ただし，水そうの
　厚さは考えないものとする。

図1
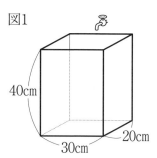

図2
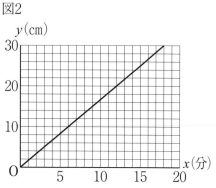

(1) 　図1の水そうに水を入れるとき，水面の高さが20cmになる
　のは，水を入れ始めてから何分後か，求めなさい。

(2) 　次の文は，ある中学校の数学の授業での，先生と生徒の会
　話の一部である。この文を読んで，あとの①～③の問いに答えなさい。

先生：1辺の長さが10cmの立方体の形をしたおもりをたくさん用意しました。これらのおもりを，
　　　皆さんそれぞれ，水そうの中にいろいろな形で置いてみましょう。そして，水道管の栓を
　　　開いておもりを置いた空の水そうに水を入れ，水面の高さがどのように高くなるかを調べ
　　　てみましょう。

ナミ：私は，下の図3のように，おもりを置きました。(a)この水そうに水を入れ始めてから，水面
　　　の高さが30cmになるまでの，xとyの関係をグラフに表すと，下の図4のようになりました。

図3
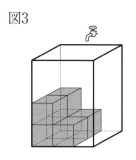

図4　y(cm)

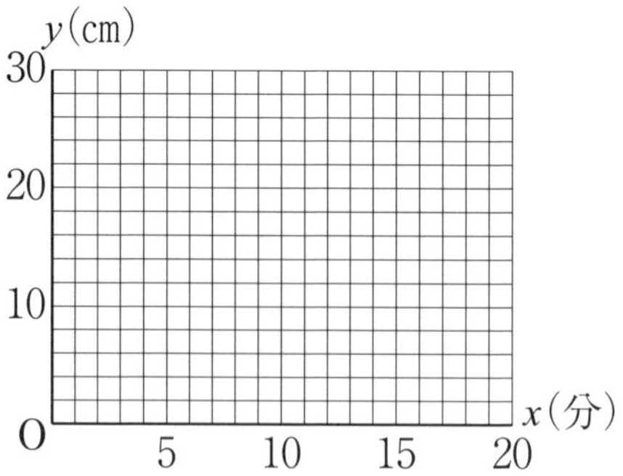

先生：よくできましたね。ケンさんは，どのようなグラ
　　　フになりましたか。

ケン：(b)私がおもりを置いた水そうに水を入れ始めてか
　　　ら，水面の高さが30cmになるまでの，xとyの関係
　　　をグラフに表すと，右の図5のようになりました。

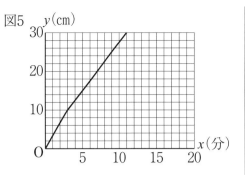

図5

先生：よくできましたね。図1の水そうと，ケンさんが
　　　おもりを置いた水そうに同時に水を入れ始めたと
　　　き，図1の水そうの水面の高さが30cmになるまで
　　　に，2つの水そうの水面の高さの差が10cmになることが2回あります。それは，水を入れ始
　　　めてから何分後と何分後か，求められますか。ただし，ケンさんがおもりを置いた水そう
　　　の水面の高さが30cmになった後は，水面の高さは30cmで変わらなかったものとします。

リエ：できました。2つの水そうの水面の高さの差が10cmになるのは，水を入れ始めてから
　　　　あ　分後と　い　分後です。

先生：そのとおりです。よくできました。

① 下線部分(a)について，ナミさんが表したグラフを解答用紙にかきなさい。

② 下線部分(b)について，ケンさんがおもりを置いた水そうの図として最も適当なものを，次の
　　ア～エから1つ選び，その符号を書きなさい。

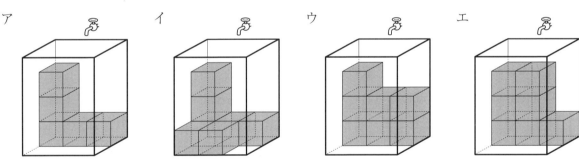

ア　　　　　　　　イ　　　　　　　　ウ　　　　　　　　エ

③ 　あ　，　い　に入る値をそれぞれ答えなさい。

相似，関数の利用

〔**6**〕右の図1のように，ＡＢ＝4cm，ＢＣ＝8cm，∠ＡＢＣ＝
90°の△ＡＢＣと，ＤＥ＝6cm，ＥＦ＝12cm，∠ＤＥＦ＝90°
の△ＤＥＦがある。このとき，次の(1)，(2)の問いに答えな
さい。

図1

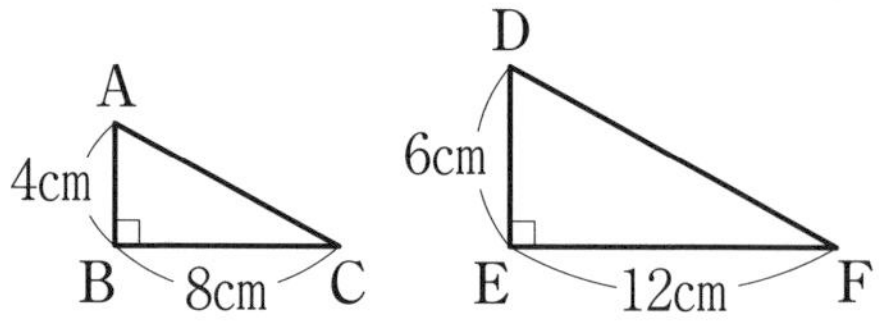

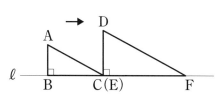

(1) △ＡＢＣ∽△ＤＥＦであることを証明しなさい。

(2) 次の文は，ある中学校の数学の授業での課題と，その授業での先生と生徒の会話の一部である。
この文を読んで，あとの①～③の問いに答えなさい。

課題

　右の図2のように，直線ℓ上に△ＡＢＣと△ＤＥＦ
を，点Ｃと点Ｅが重なるように並べる。△ＤＥＦを
固定し，△ＡＢＣを，図2の状態から点Ｂが点Ｅに重
なるまで，直線ℓに沿って，図3のように，毎秒1cm
の速さで矢印の向きに動かす。△ＡＢＣを動かし始
めてからx秒後の，2つの三角形が重なった部分の面
積を$y$cm²として，xとyの関係を考えてみよう。ただ
し，点Ｃと点Ｅが重なっているときは$y＝0$とする。

図2

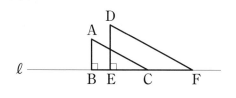

図3

先生：$x＝6$のときのyの値を求められますか。

リク：$x＝6$のとき，点Ｅは辺ＢＣ上にあってＣＥ＝6cmだから，$y＝$ ［ ア ］ となります。

先生：そうですね。それでは，図2の状態から点Ｂが点Ｅに重なるまでについて，xとyの関係を
式に表すことができますか。

ユイ：$x＝6$のときと同じように考えると，$y＝$ ［ イ ］ と表すことができます。

コウ：このときのxの変域は，$0 \leqq x \leqq 8$ですね。

先生：そのとおりです。では次に，△ＡＢＣの向きを，右
の図4のように変えた場合を考えてみましょう。直
線ℓ上に△ＡＢＣと△ＤＥＦを，点Ａと点Ｅが重な
るように並べます。△ＤＥＦを固定し，△ＡＢＣを，
図4の状態から点Ｂが点Ｅに重なるまで，直線ℓに
沿って，図5のように，毎秒1cmの速さで矢印の向
きに動かします。△ＡＢＣを動かし始めてからx秒
後の，2つの三角形が重なった部分の面積を$y$cm²と
して，xとyの関係を考えてみましょう。ただし，
点Ａと点Ｅが重なっているときは$y＝0$とします。

図4

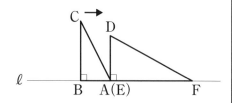

図5

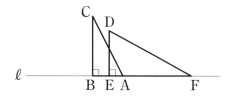

ミキ：2つの三角形が重なった部分の形が，三角形になるときと四角形になるときがあります。

リク：ほんとうだ。2つの三角形が重なった部分の形は，xの変域が$0 \leqq x \leqq \boxed{\quad ウ \quad}$のとき，

　　　三角形になり，$\boxed{\quad ウ \quad} \leqq x \leqq 4$のとき，四角形になります。

先生：そうですね。それでは，2つの三角形が重なった部分の面積が，△ＡＢＣの面積の半分に

　　　なるときのxの値を求められますか。

ユイ：2つの三角形が重なった部分の面積が，△ＡＢＣの面積の半分になるのは，辺ＡＣと辺ＤＥ

　　　が交わっているときで，$x = \boxed{\quad エ \quad}$のときです。

先生：そのとおりです。

コウ：$0 \leqq x \leqq 4$のとき，yの値が最も大きくなるのは

　　　どんなときかな。

ミキ：右の図6のように，$x = 4$のときで，このときの

　　　yの値を求めると，$y = \boxed{\quad オ \quad}$です。

先生：そのとおりです。よくできました。

図6

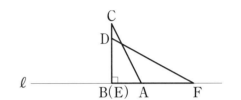

① $\boxed{\quad ア \quad}$に当てはまる数を答えなさい。

② $\boxed{\quad イ \quad}$に当てはまるxを用いた式を答えなさい。

③ $\boxed{\quad ウ \quad} \sim \boxed{\quad オ \quad}$に当てはまる数を，それぞれ答えなさい。

関数 $y = ax^2$ の利用

〔**7**〕右の図1のように，関数 $y = \dfrac{1}{4}x^2$ のグラフ上に，x 座標が -10 より大きく 0 より小さい点 P をとる。また，関数 $y = \dfrac{1}{4}x^2$ のグラフ上に，x 座標が点 P の x 座標より 10 大きい点 Q をとる。

次の文は，ある中学校の数学の授業での，先生と生徒の会話の一部である。この文を読んで，あとの(1)，(2)の問いに答えなさい。

図1
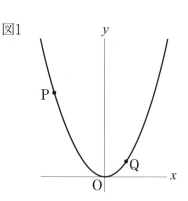

先生：点 P の x 座標が -7 となるときの，点 Q の座標は求められますか。

リエ：点 Q の x 座標は点 P の x 座標より 10 大きいから，点 Q の x 座標は 3 になります。

ケン：すると，点 Q の y 座標は $\boxed{\quad ア \quad}$ と求められます。だから，点 Q の座標は（3，$\boxed{\quad ア \quad}$）になります。

先生：そのとおりです。よくわかりましたね。次に，3 点 O，P，Q をそれぞれ結んでできる △OPQ について考えてみましょう。右の図2は，△OPQ の辺 PQ が x 軸と平行になる場合を表しています。このときの点 P の x 座標や △OPQ の面積は求められますか。

図2
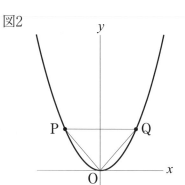

ナミ：このときの点 P の x 座標は $\boxed{\quad イ \quad}$ になります。

リエ：すると，△OPQ の面積は $\boxed{\quad ウ \quad}$ と求められます。

先生：そうですね。よくできました。今度は，右の図3のように，点 P の x 座標が -4 となるとき，関数 $y = \dfrac{1}{4}x^2$ のグラフ上に，x 座標が 2 となる点 R をとった場合について考えてみましょう。このとき，△OPQ と △RPQ について，何か気づくことはありますか。

図3
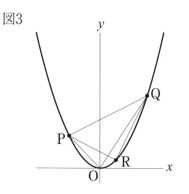

ケン：△OPQ と △RPQ の面積は等しいような気がします。

先生：ケンさんの言うとおり，△OPQ と △RPQ の面積は等しいです。それが正しいかどうかを確かめるための方法はいくつかありますが，わかりますか。

ナミ：それぞれの面積を求めて，面積が等しいことを確かめるとよいと思います。

先生：いいですね。面積を求めずに確かめる方法もあるのですが，わかりますか。

リエ：2年生で学習した「平行線と面積」の性質を利用して，面積が等しいことが言えそうです。
「平行線と面積」には，次のような性質がありました。

> 平行線と面積
> 辺ＢＣが共通な△ＡＢＣと△Ａ′ＢＣがあり，
> 2点Ａ，Ａ′が直線ＢＣについて同じ側にあるとき，
> ＡＡ′∥ＢＣならば，△ＡＢＣ＝△Ａ′ＢＣ

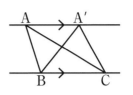

先生：今のリエさんの考え方を使って，△ＯＰＱと△ＲＰＱの面積が等しくなることが説明できます。この説明をノートに書いてみましょう。

ケン：できました。

ナミ：私もできました。

(1) 　ア　～　ウ　に入る値をそれぞれ答えなさい。

(2) 下線部分について，リエさんの考え方を使って，図3で△ＯＰＱと△ＲＰＱの面積が等しくなることを説明しなさい。

相似と円の性質

〔**8**〕次の文は，ある中学校の数学の授業での，先生と生徒の会話の一部である。この文を読んで，あと
の(1)～(4)の問いに答えなさい。

先生：今日の授業のテーマは円です。各自ノートに円Oをかいて，円Oの円周上に3つの点A，
　　　B，Cをとり，それをもとに，いろいろな図形を作ってみましょう。

ユイ：できました。

先生：はい。では，ユイさんは，どのような図をかきましたか。

図1

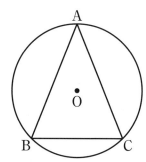

ユイ：私がかいた図は，右の図1です。△ABCがAB＝AC
　　　の二等辺三角形となるようにかきました。

リク：∠BACの大きさがわかると，∠ABCの大きさが求め
　　　られますね。

ユイ：∠BACの大きさは46°です。

リク：そうすると，∠ABCの大きさは｜　ア　｜°ですね。

ユイ：そのとおりです。

先生：いいですね。では，コウさんは，どのような図をか
　　　きましたか。

図2

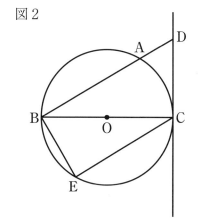

コウ：私がかいた図は，右の図2です。線分BCが円Oの
　　　直径となるようにかきました。そして，点Cを通る
　　　円Oの接線を引き，直線ABとの交点をDとしまし
　　　た。また，点Cを通り直線ABに平行な直線と円O
　　　との交点のうち，点Cと異なる点をEとし，点Bと
　　　点Eを結びました。

ミキ：図2では，I△BCDと△CEBが相似になってい
　　　るように見えます。

コウ：そのとおりです。これまで習ったことを使って，△BCDと△CEBが相似になるように
　　　かきました。

ミキ：△BCDと△CEBは相似だから，線分BDと線分CEの長さがわかると，円Oの半径が
　　　求められますね。

コウ：線分BDの長さは8cm，線分CEの長さは6cmです。

ミキ：そうすると，円Oの半径は｜　イ　｜cmですね。

先生：そのとおりです。よくできました。では，リクさんは，どのような図をかきましたか。

リク：私がかいた図は，右の図3です。3つの点A，B，Cを
それぞれ結んで△ABCを作り，直線ABについて点C
と同じ側に，∠BAC＝∠ABP，AC＝BPとなるよ
うな点Pをとりました。そして，点Aと点Pを結びまし
たが，何度かかき直しをしているうちに，点Pの付近の
円Oの円周の一部が消えてしまいました。

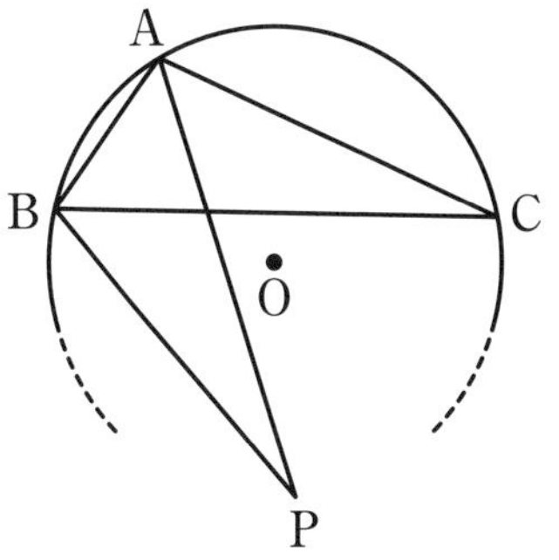

コウ：図3では，点Pは円Oの円周上にあるように見えます。

ユイ：<u>円の性質を利用すると，点Pは円Oの円周上にあるこ</u>
<u>とが証明できる</u>と思います。

先生：そのとおりです。今のユイさんの考え方を使って，この証明を各自ノートに書いてみま
しょう。

リク：できました。

ミキ：私もできました。

図3

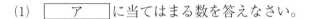

(1) 　　ア　　に当てはまる数を答えなさい。

(2) 下線部分Ⅰについて，△BCD∽△CEBであることを証明しなさい。

(3) 　　イ　　に当てはまる数を答えなさい。

(4) 下線部分Ⅱについて，図3で，円の性質を利用して点Pは円Oの円周上にあることを証明しなさ
い。

相似と三平方の定理

〔**9**〕次の文は，ある中学校の数学の授業での，先生と生徒の会話の一部である。この文を読んで，あと
　　の(1)～(4)の問いに答えなさい。

先生：今日は，長方形の紙を折ってできる図形について考えて
　　　いきましょう。まず，右の図1のように，辺ＢＣが対角
　　　線ＢＤと重なるように長方形ＡＢＣＤを折り，折り目の
　　　線分をＢＥ，点Ｃが移った点をＦとします。この図形に
　　　ついて，何か気づくことはありますか。

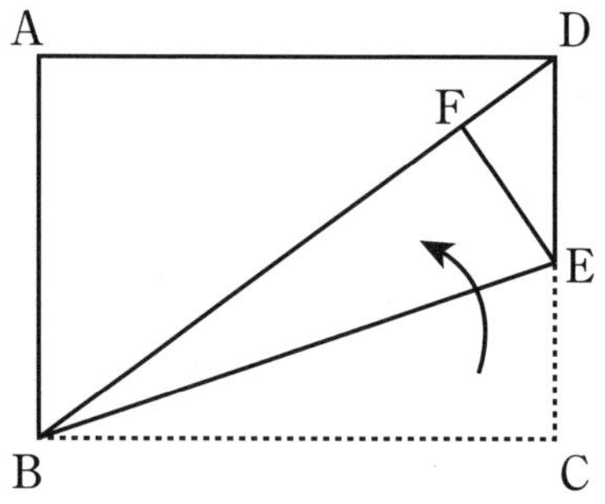

コウ：∠ＡＢＤの大きさがわかると，∠ＢＥＦの大きさが求めら
　　　れそうです。

先生：図1で，∠ＡＢＤの大きさは56°です。

ユイ：そうすると，∠ＢＥＦの大きさは　ア　°ですね。

先生：そのとおりです。ほかに気づくことはありますか。

ミキ：_I△ＡＢＤと△ＦＤＥが相似になっているように見えます。

先生：そのとおりです。この証明をノートに書いてみましょう。

リク：できました。

ミキ：私もできました。

先生：よくできました。次に，縦1ｍ，横$\sqrt{2}$ｍの紙を折って，面積が1㎡の図形を作ってみ
　　　ましょう。

ユイ：私は，図2のように，辺ＡＢに平行な線分ＧＨを折り
　　　目として長方形ＡＢＣＤを折り，面積が1㎡の正方形
　　　ＧＨＣＤを作りました。このとき，点Ａ，Ｂが移った
　　　点をそれぞれＩ，Ｊとします。

コウ：図2で，線分ＤＩの長さは（　イ　）ｍですね。

先生：そのとおりです。ほかに面積が1㎡の図形を作れた人
　　　はいませんか。

リク：私は，図3のように，点Ｃが辺ＡＤ上にくるように折
　　　り，折り目の線分をＢＫ，点Ｃが移った点をＬとしま
　　　した。このとき，台形ＡＢＫＤの面積は1㎡になっていると思うのですが，自信がありま
　　　せん…。

図1

図2

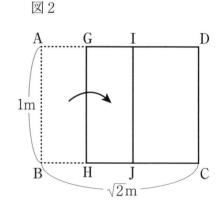

1m

$\sqrt{2}$m

先生：確かに，_Ⅱ図３の台形ＡＢＫＤの面積は１㎡です。これまで学習してきたことを使って，このことを証明できます。この証明をノートに書いてみましょう。

コウ：できました。

ユイ：私もできました。

先生：よくできました。

図３

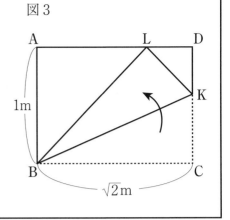

(1) ア に当てはまる数を答えなさい。

(2) 下線部分Ⅰについて，△ＡＢＤ∽△ＦＤＥであることを証明しなさい。

(3) イ に当てはまる数を答えなさい。

(4) 下線部分Ⅱについて，図３の台形ＡＢＫＤの面積が１㎡であることを証明しなさい。

相似と三平方の定理

〔10〕数学の授業で，三平方の定理を利用して，$\sqrt{2}$，$\sqrt{3}$，……の長さの線分をかく学習をした。次の文は，その授業での先生と生徒の会話の一部である。この会話を読み，あとの(1)～(4)の問いに答えなさい。

先生：右の図1のように，平行な2直線ℓ，mがあり，
距離は1です。この2直線を利用して，図1の
ように1辺が1の正方形ABCDをつくります。
このとき，線分ACの長さを求めなさい。

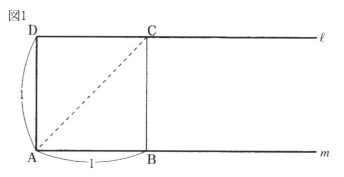
図1

友子：三平方の定理を利用して求めると，$\sqrt{2}$になります。

先生：そうですね。それでは，線分ACを利用して，長さが$\sqrt{3}$の線分のかき方を考えましょう。

香里：$(\sqrt{3})^2=(\sqrt{2})^2+1^2$だから，直角をはさむ2辺の長さが$\sqrt{2}$，1の直角三角形をつくればよいと思います。

正行：すると，例えば，点 a を中心として，線分 b を半径とする円をかき，直線mとの交点をP，点Pから直線mに垂直な直線をひいて，直線ℓとの交点をEとします。このとき，線分 c の長さが$\sqrt{3}$になります。

先生：その通りですね。これをくり返せば，$\sqrt{4}=2$，$\sqrt{5}$，……をかくことができますね。

ただ，これでは，順番にかいていかないといけないので，$\sqrt{20}$のような長い線分をかくのが大変です。

そこで，右の図2を利用して，$\sqrt{a}$の長さの線分をかく
方法を考えましょう。直線ℓ上に3点A，B，PをAB
$=1$，BP$=a$となるようにとります。次に，点Bを
通り直線ℓに垂直な直線mをひきます。そして，線分
APを直径とする円Oと直線mとの交点をQとしま
す。すると，図2の中には，相似な三角形がいくつか
できます。例えば，△ABQと△QBPです。ほかに
は，どれとどれが相似になりますか。

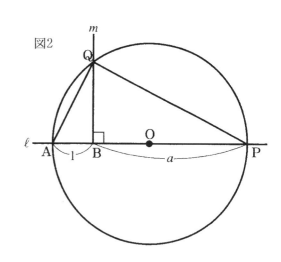
図2

健太：△ d と△ e です。

先生：ほかにもありますが，本題にもどると，図2中の線分BQの長さが$\sqrt{a}$なのです。これは，△ABQ
と△QBPの相似に着目すると証明できます。

(1) a ， b ， c に当てはまる記号を，それぞれ答えなさい。

(2) d ， e に当てはまる記号を，それぞれ答えなさい。

(3) △ABQ∽△QBPであることを証明しなさい。

(4) (3)の△ABQ∽△QBPを利用して，BQ$=\sqrt{a}$ であることを証明しなさい。

【 問題の使用時期 】

□問題を使用できる標準的な時期を一覧表にまとめましたので，参考にしてください。
□「4月」と記入されている問題は，中学2年生までの学習内容からの出題です。
□学習進度によって使用時期を調整してください。

計 算 問 題	〔1〕	〔2〕	〔3〕	〔4〕	〔5〕
	4月	4月	4月	4～5月	5～6月
	〔6〕	〔7〕	〔8〕	〔9〕	〔10〕
	5～6月	4月	4月	4月	7月
	〔11〕				
	4月				
基 本 問 題	〔1〕(1)～(8)	〔1〕(9), (10)	〔2〕(1)～(5)	〔2〕(6)～(9)	〔3〕
	4月	7月	4月	9～10月	4月
	〔4〕	〔5〕(1)～(5)	〔5〕(6)～(9)	〔5〕(10)～(14)	〔6〕
	4月	4月	11～12月	4月	4月
	〔7〕	〔8〕	〔9〕	〔10〕	〔11〕
	4月	4月	4月	4月	4月
	〔12〕	〔13〕	〔14〕	〔15〕	〔16〕
	4月	4月	4月	4月	4月
	〔17〕	〔18〕	〔19〕	〔20〕	
	4月	4月	4月	4月	
場合の数と確率	〔1〕	〔2〕	〔3〕	〔4〕	〔5〕
	4月	4月	4月	4月	4月
	〔6〕	〔7〕	〔8〕	〔9〕	〔10〕
	4月	4月	4月	4月	4月
	〔11〕				
	4月				
規 則 性	〔1〕	〔2〕	〔3〕	〔4〕	〔5〕
	4月	4月	4～5月	4月	4月
	〔6〕	〔7〕	〔8〕	〔9〕	〔10〕
	4月	4月	7月	7月	7月
	〔11〕				
	7月				
関 数 と 図 形	〔1〕	〔2〕	〔3〕	〔4〕	〔5〕
	4月	4月	4月	4月	4月
	〔6〕	〔7〕	〔8〕	〔9〕	〔10〕
	4月	4月	4月	4月	9～10月
	〔11〕	〔12〕	〔13〕	〔14〕	〔15〕
	9～10月	9～10月	9～10月	9～10月	11～12月
平 面 図 形	〔1〕	〔2〕	〔3〕	〔4〕	〔5〕
	4月	4月	4月	4月	4月
	〔6〕	〔7〕	〔8〕	〔9〕	〔10〕
	11～12月	4月	11～12月	11～12月	11～12月
	〔11〕	〔12〕	〔13〕		
	11～12月	11～12月	1～2月		
空 間 図 形	〔1〕	〔2〕	〔3〕	〔4〕	〔5〕
	4月	4月	4月	4月	4月
	〔6〕	〔7〕	〔8〕	〔9〕	〔10〕
	4月	4月	11～12月	11～12月	1～2月
	〔11〕	〔12〕	〔13〕		
	1～2月	1～2月	1～2月		
会 話 文 形 式	〔1〕	〔2〕	〔3〕	〔4〕	〔5〕
	4～5月	4～5月	4～5月	4～5月	4～5月
	〔6〕	〔7〕	〔8〕	〔9〕	〔10〕
	9～10月	9～10月	12～1月	1～2月	1～2月

受験生の皆様へ

●この問題集は,令和7・8年度の受験生を対象として作成したものです。

●この問題集は,「新潟県統一模試」で過去に出題された問題を,分野や単元別にまとめ,的をしぼった学習ができるようにしています。
特定の教科における不得意分野の克服や得意分野の伸長のためには,同種類の問題を集中的に練習し,学力を確かなものにすることが必要です。

●この問題集に掲載されている問題の使用可能時期について,問題編巻末の「問題の使用時期」にまとめました。適切な時期に問題練習を行い,詳しい解説で問題解法の定着をはかることをおすすめします。

※問題集に誤植などの不備があった場合は，当会ホームページにその内容を掲載いたします。以下のアドレスから問題集紹介ページにアクセスしていただき，その内容をご確認ください。

https://t-moshi.jp

令和7・8年度受験用　新潟県公立高校入試　入試出題形式別問題集　数学（問題編）

2024 年 7 月 1 日　　第一版発行

監　修　新潟県統一模試会
発行所　新潟県統一模試会
　　　　新潟市中央区弁天 3-2-20 弁天 501 ビル 2F
　　　　〒950-0901
　　　　TEL 0120-25-2262
発売所　株式会社 星雲社（共同出版社・流通責任出版社）
　　　　東京都文京区水道 1-3-30
　　　　〒112-0005
　　　　TEL 03-3868-3275
印刷所　株式会社 ニイガタ

新潟県統一模試会

＜数学／問題編＋解答・解説編　2冊セット＞

新潟県公立高校入試対策

新潟県公立高校入試
入試出題形式別問題集

数　学

解答・解説

新潟県統一模試会 監修

目　　次

計算問題

〔1〕

《解答》

(1) $\dfrac{5}{24}$ (2) $\dfrac{7}{6}$ (3) $\dfrac{16}{3}$ (4) 4 (5) 9

《解説》

(1) $\dfrac{20}{24} - \dfrac{15}{24} = \dfrac{5}{24}$

(2) 通分して，$\dfrac{9}{6} - \dfrac{2}{6} = \dfrac{7}{6}$

(3) 通分して，$\dfrac{18}{3} - \dfrac{2}{3} = \dfrac{16}{3}$

(4) $6 - 4 \div 2 = 6 - 2 = 4$

(5) $5 + 8 \times \dfrac{1}{2} = 5 + 4 = 9$

〔2〕

《解答》

(1) -2 (2) 5 (3) -6 (4) -12 (5) -18 (6) -11 (7) $-\dfrac{5}{12}$ (8) $-\dfrac{1}{20}$ (9) $-\dfrac{5}{3}$

(10) $-\dfrac{15}{2}$ (11) 15 (12) -6 (13) -15 (14) -7 (15) -3 (16) -41 (17) -1 (18) 12 (19) 24 (20) 10

《解説》

(1)〜(3) 略

(4) $-4 - 8 = -12$

(5) $-21 + 3 = -18$

(6) $-9 + 3 - 5 = -11$

(7) 通分して，$\dfrac{3}{12} - \dfrac{8}{12} = -\dfrac{5}{12}$

(8) 通分して，$\dfrac{15}{20} - \dfrac{16}{20} = -\dfrac{1}{20}$

(9) 通分して，$-\dfrac{6}{3} + \dfrac{1}{3} = -\dfrac{5}{3}$

(10) $-8 + \dfrac{1}{2} = -\dfrac{16}{2} + \dfrac{1}{2} = -\dfrac{15}{2}$

(11) $(-3)^2 + 6 = 9 + 6 = 15$

(12) $-2 - (-2)^2 = -2 - 4 = -6$

(13) $5 \times (3 - 6) = 5 \times (-3) = -15$

(14) $5 - 12 = -7$

(15) $12 - 15 = -3$

(16)　$-24-17=-41$

(17)　$-4+3=-1$

(18)　$(-3)^2-(-18)\div6=9+3=12$

(19)　$\dfrac{2}{3}\times36=24$

(20)　$7-(-\dfrac{3}{4})\times4=7-(-3)=7+3=10$

〔**3**〕

《解答》

(1)　-20　(2)　$-x+11$　(3)　$3a+14b$　(4)　$18x^3$　(5)　$-5y$　(6)　$7x+11y$　(7)　$3x-5y$

(8)　$\dfrac{5}{2}b$　(9)　ab^2　(10)　$3xy$　(11)　$\dfrac{7x-1}{2}$　(12)　$\dfrac{3x+5}{6}$　(13)　$3x$　(14)　$-6y$　(15)　x

《解説》

(1)　$-8x+8x-20=-20$

(2)　$8+2x-3x+3=2x-3x+8+3=-x+11$

(3)　$6a+2b-3a+12b=6a-3a+2b+12b=3a+14b$

(4)　$9x^2\times2x=18x^3$

(5)　$10xy\times(-\dfrac{1}{2x})=-5y$

(6)　$4x-4y+3x+15y=7x+11y$

(7)　$4x-8y-x+3y=3x-5y$

(8)　$5\times2ab^2\times\dfrac{1}{4ab}=\dfrac{5}{2}b$

(9)　$a^3b\times\dfrac{1}{a^2}\times b=ab^2$

(10)　$6x\times xy^2\times\dfrac{1}{2xy}=3xy$

(11)　$\dfrac{3x\times2-(1-x)}{2}=\dfrac{7x-1}{2}$

(12)　$\dfrac{2\times2(x+1)-(x-1)}{6}=\dfrac{3x+5}{6}$

(13)　$\dfrac{3xy\times5x^2y}{5x^2y^2}=3x$

(14)　$(-6x)\times4xy\times\dfrac{1}{4x^2}=-24x^2y\times\dfrac{1}{4x^2}=-6y$

(15)　$(-8x^2y)\times(-\dfrac{1}{2xy})-3x=4x-3x=x$

〔4〕

《解答》

(1) $a^2+2a-15$　(2) $a^2-4ab+4b^2$　(3) $8x^2-18xy-5y^2$　(4) $(x+9)(x-8)$

(5) $(x-5)(x+2)$　(6) x^2-9　(7) $-x^2+8x$　(8) $2(x-3)(x+1)$　(9) $2xy(x-2y)$

(10) $a(x+4)^2$　(11) $5x+11$　(12) $-x^2-3xy-6y^2$　(13) $\left(\dfrac{5}{2}-x\right)\left(\dfrac{5}{2}+x\right)$　(14) $(x+6)(x-6)$

(15) $2a(a-b)$　(16) $x^2-2xy+y^2+10x-10y+25$　(17) a^2-4b^2-4b-1

(18) $(x+y+2)(x+y-2)$　(19) $(a-b)(b-1)$　(20) $(x-7)(x+7)$

《解説》

(1)〜(5)　略

(6) $x^2+6x-27-6x+18=x^2-9$

(7) $4x+4-(x^2-4x+4)=-x^2+8x$

(8) 共通因数をくくり出してから乗法公式を利用する。与式$=2(x^2-2x-3)=2(x-3)(x+1)$

(9) $2x^2y-4xy^2=2xy(x-2y)$

(10) 共通因数をくくり出してから乗法公式を利用する。与式$=a(x^2+8x+16)=a(x+4)^2$

(11) $x^2+5x-14-x^2+25=5x+11$

(12) $x^2-xy-6y^2-2x^2-2xy=-x^2-3xy-6y^2$

(13) $\left(\dfrac{5}{2}\right)^2-x^2=\left(\dfrac{5}{2}-x\right)\left(\dfrac{5}{2}+x\right)$

(14) $x^2-5x-36+5x=x^2-6^2=(x+6)(x-6)$

(15) $a^2-ab-ab+a^2=2a^2-2ab=2a(a-b)$

(16) $x-y=X$とおくと，$(X+5)^2=X^2+10X+25$

　　　Xを$x-y$にもどすと，$(x-y)^2+10(x-y)+25=x^2-2xy+y^2+10x-10y+25$

(17) $\{a+(2b+1)\}\{a-(2b+1)\}=a^2-(2b+1)^2=a^2-(4b^2+4b+1)=a^2-4b^2-4b-1$

(18) $x+y=X$とおくと，$X^2-4=(X+2)(X-2)$

　　　Xを$x+y$にもどすと，$(x+y+2)(x+y-2)$

(19) $a(b-1)-b(b-1)=(a-b)(b-1)$

(20) $x-4=X$とおくと，$X^2+8X-33=(X-3)(X+11)$

　　　Xをもとにもどすと$(x-4-3)(x-4+11)=(x-7)(x+7)$

〔5〕

《解答》

(1) $4\sqrt{2}$　(2) $4\sqrt{2}$　(3) $-\sqrt{5}$　(4) $3\sqrt{3}$　(5) $-\sqrt{2}$　(6) $5\sqrt{3}$　(7) $-\sqrt{3}$　(8) $-4\sqrt{3}$

(9) $\sqrt{2}$　(10) $-2\sqrt{2}$　(11) $\sqrt{3}$　(12) $10\sqrt{3}$　(13) $9-4\sqrt{5}$　(14) $14-8\sqrt{3}$　(15) -5

《解説》

(1) $\sqrt{2}+\sqrt{18}=\sqrt{2}+3\sqrt{2}=4\sqrt{2}$

(2) $6\sqrt{2}-\sqrt{8}=6\sqrt{2}-2\sqrt{2}=4\sqrt{2}$

(3) $3\sqrt{5}-2\times2\sqrt{5}=(3-4)\sqrt{5}=-\sqrt{5}$

(4) $2\sqrt{3}+\dfrac{3\times\sqrt{3}}{\sqrt{3}\times\sqrt{3}}=2\sqrt{3}+\dfrac{3\sqrt{3}}{3}=2\sqrt{3}+\sqrt{3}=3\sqrt{3}$

(5) $2\sqrt{2}-\dfrac{6\times\sqrt{2}}{\sqrt{2}\times\sqrt{2}}=2\sqrt{2}-\dfrac{6\sqrt{2}}{2}=2\sqrt{2}-3\sqrt{2}=-\sqrt{2}$

(6) $2\sqrt{2}\times2\sqrt{6}-3\sqrt{3}=4\sqrt{12}-3\sqrt{3}=8\sqrt{3}-3\sqrt{3}=5\sqrt{3}$

(7) $\sqrt{\dfrac{15}{5}}-2\sqrt{3}=\sqrt{3}-2\sqrt{3}=-\sqrt{3}$

(8) $\sqrt{12}-3\sqrt{2}\times\sqrt{2\times3}=\sqrt{12}-3\sqrt{2}\times\sqrt{2}\times\sqrt{3}=\sqrt{12}-3\times2\times\sqrt{3}=2\sqrt{3}-6\sqrt{3}=-4\sqrt{3}$

(9) $2\sqrt{2}+\dfrac{4\times\sqrt{2}}{\sqrt{2}\times\sqrt{2}}-3\sqrt{2}=2\sqrt{2}+2\sqrt{2}-3\sqrt{2}=\sqrt{2}$

(10) $\dfrac{8\times\sqrt{2}}{\sqrt{2}\times\sqrt{2}}-2\sqrt{3}\times\sqrt{2}\times\sqrt{3}=4\sqrt{2}-2\times(\sqrt{3})^2\times\sqrt{2}=(4-6)\sqrt{2}=-2\sqrt{2}$

(11) $\sqrt{3}\times\sqrt{6}+\sqrt{3}-3\sqrt{2}=\sqrt{18}+\sqrt{3}-3\sqrt{2}=3\sqrt{2}+\sqrt{3}-3\sqrt{2}=\sqrt{3}$

(12) $-4\left(\dfrac{3\times\sqrt{3}}{2\sqrt{3}\times\sqrt{3}}-3\sqrt{3}\right)=-4\left(\dfrac{\sqrt{3}}{2}-3\sqrt{3}\right)=-4\left(\dfrac{\sqrt{3}}{2}-\dfrac{6}{2}\sqrt{3}\right)=-4\times\left(-\dfrac{5}{2}\sqrt{3}\right)=10\sqrt{3}$

(13) $(\sqrt{5})^2-2\times2\times\sqrt{5}+2^2=5-4\sqrt{5}+4=9-4\sqrt{5}$

(14) $(2\sqrt{2})^2-2\times2\sqrt{2}\times\sqrt{6}+(-\sqrt{6})^2=8-4\times2\sqrt{3}+6=14-8\sqrt{3}$

(15) $(\sqrt{7})^2-(2\sqrt{3})^2=7-12=-5$

〔6〕

《解答》

(1) $a=10, 11, 12, 13, 14, 15$

(2) $n=10$

(3) ア

《解説》

(1) $3=\sqrt{9}$, $4=\sqrt{16}$より, 自然数aにあてはまる値は, $10, 11, 12, 13, 14, 15$

(2) $\sqrt{40n}=\sqrt{40}\times\sqrt{n}=2\sqrt{10}\times\sqrt{n}$より, 最も小さい自然数$n$にあてはまる値は10

(3) ア　根号($\sqrt{}$)が外せないものは無理数である。

　　イ　0.14は，$\dfrac{7}{50}$ と分数の形に表すことができるから有理数である。

　　ウ　$\sqrt{36}$は，6になり6＝$\dfrac{6}{1}$ と分数の形に表すことができるから有理数である。

　　エ　-2は，$-\dfrac{2}{1}$ と分数の形に表すことができるから有理数である。

〔7〕

《解答》

(1)　$x＝20$　　(2)　$x＝-2$　　(3)　$x＝-\dfrac{2}{3}$　　(4)　$x＝4$　　(5)　$x＝6$　　(6)　$x＝-1$　　(7)　$x＝-6$

(8)　$x＝-\dfrac{1}{7}$　　(9)　$x＝-7$　　(10)　$x＝1$

《解説》

(1)　$5x-2x＝60$　　$3x＝60$　　$x＝20$

(2)　$3x-7x＝2+6$　　$-4x＝8$　　$x＝-2$

(3)　$x＝\dfrac{1}{2}÷(-\dfrac{3}{4})＝-(\dfrac{1}{2}×\dfrac{4}{3})＝-\dfrac{2}{3}$

(4)　$8-x+4＝2x$　　$-x-2x＝-12$　　$-3x＝-12$　　$x＝4$

(5)　$9-3+3x＝24$　　$3x＝18$　　$x＝6$

(6)　両辺を10倍して整数に直すと，$6x+2＝x-3$　　$5x＝-5$　　$x＝-1$

(7)　両辺を3倍して，$2(x-3)＝-18$　　$2x＝-12$　　$x＝-6$

(8)　両辺を6倍して，$2(1-2x)＝3(x+1)$　　$-3x-4x＝3-2$　　$-7x＝1$　　$x＝-\dfrac{1}{7}$

(9)　両辺を12倍して，$3(x-5)＝4(2x+5)$　　$3x-8x＝20+15$　　$-5x＝35$　　$x＝-7$

(10)　$2x+3＝9x-4$　　$2x-9x＝-3-4$　　$-7x＝-7$　　$x＝1$

〔8〕

《解答》

(1)　$x＝24$　　(2)　$x＝18$　　(3)　$x＝\dfrac{2}{5}$　　(4)　$x＝\dfrac{3}{2}$　　(5)　$x＝7$

《解説》

(1)　$x×3＝9×8$より，$x＝24$　　　　(2)　$14×x＝21×12$より，$x＝18$

(3)　$5(x+2)＝3×4$,　$5x+10＝12$,　$5x＝2$,　$x＝\dfrac{2}{5}$

(4)　$2(9-x)＝15$　　$18-2x＝15$　　$2x＝3$　　$x＝\dfrac{3}{2}$

(5)　$5(2x+1)＝3(3x+4)$　　$10x+5＝9x+12$　　$10x-9x＝12-5$　　$x＝7$

〔**9**〕

《解答》

(1) $a=2$, $b=-1$　(2) $x=-6$, $y=3$　(3) $x=2$, $y=1$　(4) $x=2$, $y=-1$

(5) $x=\dfrac{1}{2}$, $y=4$　(6) $x=2$, $y=-3$　(7) $x=2$, $y=-1$　(8) $a=3$, $b=2$

《解説》

(1)　$a+3b=-1\cdots①$　$3a-b=7\cdots②$

$①×3$　$3a+9b=-3$

$-)\ ②\quad 3a-\ b=\ 7$

$\qquad\qquad\quad 10b=-10$

$\qquad\qquad\qquad b=-1$

①に$b=-1$を代入　$a-3=-1$　$a=2$　よって，$(a,\ b)=(2,\ -1)$

(2)　$x+4y=6\cdots①$　$2x+5y=3\cdots②$

$①×2$　$2x+8y=12$

$-)\ ②\quad 2x+5y=\ 3$

$\qquad\qquad\quad 3y=9$

$\qquad\qquad\quad\ y=3$

①に$y=3$を代入　$x+12=6$　$x=-6$　よって，$(x,\ y)=(-6,\ 3)$

(3)　$4x-3y=5\cdots①$　$3x+y=7\cdots②$

$①\qquad 4x-3y=\ 5$

$+)\ ②×3\ 9x+3y=21$

$\qquad\quad 13x\quad\ =26$

$\qquad\qquad x\quad\ =\ 2$

②に$x=2$を代入　$6+y=7$　$y=1$　よって，$(x,\ y)=(2,\ 1)$

(4)　$3x+y=5\cdots①$　$2x-5y=9\cdots②$

$①×5\ 15x+5y=25$

$+)\ ②\quad 2x-5y=\ 9$

$\qquad\quad 17x\quad\ =34$

$\qquad\qquad x\quad\ =\ 2$

①に$x=2$を代入　$6+y=5$　$y=-1$　よって，$(x,\ y)=(2,\ -1)$

(5) $2x+5y=21$ …① $4x-3y=-10$ …②

$\quad$ ①×2 $\quad 4x+10y=\ 42$

$\underline{-)\ ②\qquad 4x-\ 3y=-10}$

$\qquad\qquad\qquad 13y=\ 52$

$\qquad\qquad\qquad\ y=\ 4$

①に $y=4$ を代入 $\quad 2x+20=21\quad 2x=1\quad x=\dfrac{1}{2}\quad$ よって，$(x,\ y)=\left(\dfrac{1}{2},\ 4\right)$

(6) $\qquad x-y=5$ …① $\quad \dfrac{x}{2}+\dfrac{y}{5}=\dfrac{2}{5}$ …②

$\quad$ ①× 2 $\quad 2x-2y=10$

$\underline{+)\ ②×10\ \ 5x+2y=\ 4}$

$\qquad\qquad\ 7x\qquad=14$

$\qquad\qquad\ \ x\qquad=\ 2$

①に $x=2$ を代入 $\quad 2-y=5\quad -y=3\quad y=-3\quad$ よって，$(x,\ y)=(2,\ -3)$

(7) $\begin{cases} 4x+3y=5 \text{…①} \\ 2x-y=5 \text{…②} \end{cases}$ として解く。

$\quad$ ①－②×2より，$\qquad 4x+3y=5$

$\qquad\qquad\qquad\underline{-)\ \ 4x-2y=10}$

$\qquad\qquad\qquad\qquad 5y=-5$

$\qquad\qquad\qquad\qquad\ y=-1$

$y=-1$ を②に代入すると，$2x-(-1)=5,\ 2x+1=5,\ 2x=4,\ x=2$

(8) $x=2,\ y=-1$ をそれぞれ代入し，$a,\ b$ を解く。$2a-2b=2$ …① $\quad 2b+a=7$ …②

$\quad$ ① $\quad 2a-2b=2$

$\underline{+)\ ②\qquad a+2b=7}$

$\qquad 3a\qquad=9$

$\qquad\ a\qquad=3$

②に $a=3$ を代入 $\quad 3+2b=7\quad 2b=4\quad b=2\quad$ よって，$(a,\ b)=(3,\ 2)$

〔10〕

《解答》

(1)　$x=4$, 3　(2)　$x=-5$, 2　(3)　$x=-7$　(4)　$x=3$, -4　(5)　$x=-1$, 6　(6)　$x=3$, -1

(7)　$x=\dfrac{-5\pm\sqrt{13}}{2}$　(8)　$x=\dfrac{-3\pm\sqrt{17}}{4}$　(9)　$x=\dfrac{3\pm\sqrt{19}}{5}$　(10)　$x=-6$　(11)　$x=-5$

(12)　$a=1$,　$b=-12$

《解説》

(1)　因数分解すると，$(x-4)(x-3)=0$　よって，$x=4$, 3

(2)　因数分解すると，$(x+5)(x-2)=0$　よって，$x=-5$, 2

(3)　因数分解すると，$(x+7)^2=0$　よって，$x=-7$

(4)　$x(x-4)=12-5x$　$x^2-4x=12-5x$　$x^2+x-12=0$　因数分解すると，$(x+4)(x-3)=0$　よって，$x=3$, -4

(5)　$x^2-5x+4-10=0$　$x^2-5x-6=0$　因数分解すると，$(x-6)(x+1)=0$　よって，$x=-1$, 6

(6)　$3x^2+2x-1=4x^2-4$　$x^2-2x-3=0$　因数分解すると，$(x-3)(x+1)=0$　よって，$x=3$, -1

(7)　$x=\dfrac{-5\pm\sqrt{5^2-4\times1\times3}}{2\times1}=\dfrac{-5\pm\sqrt{25-12}}{2}=\dfrac{-5\pm\sqrt{13}}{2}$

(8)　$x=\dfrac{-3\pm\sqrt{3^2-4\times2\times(-1)}}{2\times2}=\dfrac{-3\pm\sqrt{9+8}}{4}=\dfrac{-3\pm\sqrt{17}}{4}$

(9)　$x=\dfrac{-(-6)\pm\sqrt{(-6)^2-4\times5\times(-2)}}{2\times5}=\dfrac{6\pm\sqrt{36+40}}{10}=\dfrac{6\pm\sqrt{76}}{10}=\dfrac{6\pm\sqrt{4\times19}}{10}=\dfrac{6\pm2\sqrt{19}}{10}=\dfrac{3\pm\sqrt{19}}{5}$

(10)　$x=2$を代入すると，$4-2a-12=0$から$a=-4$　よって，与式は$x^2+4x-12=0$　因数分解すると，$(x-2)(x+6)=0$　したがって，もう1つの解は$x=-6$

(11)　$x=2$を代入すると，$4+6+t=0$から$t=-10$　よって，与式は$x^2+3x-10=0$　因数分解すると，$(x-2)(x+5)=0$　したがって，もう1つの解は$x=-5$

(12)　$x=-4$, 3をそれぞれ代入し，連立方程式を解く。

$\begin{cases} 16-4a+b=0 \\ 9+3a+b=0 \end{cases}$　これを解いて，　$a=1$,　$b=-12$

〔11〕

《解答》

(1) $(\ell =)\ 2a+6$　(2)　$\dfrac{8}{15}a$（時間）　(3)　$(y=)\ \dfrac{30}{x}$　(4)　$y=-6x+90$　(5)　2π（cm）

(6)　$10x+30y$（円）　(7)　$(a=)\ \dfrac{52-b}{5}$　(8)　$\dfrac{4a+3b}{7}$（個）　(9)　$3a+4b$（kg）　(10)　$2a+4b$（g）

(11)①　$\dfrac{a}{4}<b$　②　$x+\dfrac{ax}{100}\geqq 400$

《解説》

(1)　長方形には，縦の辺が2本，横の辺が2本あるから，$\ell =3\times 2+a\times 2=2a+6$

(2)　(時間)$=\dfrac{(道のり)}{(速さ)}$より，$\dfrac{a}{3}+\dfrac{a}{5}=\dfrac{5}{15}a+\dfrac{3}{15}a=\dfrac{8}{15}a$（時間）

(3)　$\dfrac{1}{2}xy=15$より，$y=\dfrac{30}{x}$

(4)　x分間で排水する水の量は$6x$Lだから，残っている水の量は，$y=90-6x=-6x+90$

(5)　円Oの円周は$2\pi r$cm　半径を1cm長くした円の円周は，$2\pi(r+1)=2\pi r+2\pi$　よって，$2\pi r+2\pi-2\pi r=2\pi$（cm）

(6)　買い物の代金の合計は，$50x+150y$（円）　1人あたりの代金は，$\dfrac{50x+150y}{5}=10x+30y$（円）

(7)　残った枚数bは，$b=52-5a$である。これをaについて解く。$5a=52-b$，$a=\dfrac{52-b}{5}$

(8)　14人が持っているあめの合計は，$8a+6b$（個）　よって，平均は$\dfrac{8a+6b}{14}=\dfrac{2(4a+3b)}{14}=\dfrac{4a+3b}{7}$（個）

(9)　男子の合計体重は$3a$（kg），女子の合計体重は$4b$（kg）

(10)　a％の食塩水200gに含まれる食塩の量は，$200\times\dfrac{a}{100}=2a$（g）　同じように，$b$％の食塩水400gに含まれる食塩の量は，$400\times\dfrac{b}{100}=4b$（g）　よって，合わせて$2a+4b$（g）

(11)①　$a$kmの道のりを毎時4kmの速さで歩くときにかかる時間は$\dfrac{a}{4}$時間。これがb時間未満であることを不等式で表す。○未満は○をふくまないので，$<$，$>$を使う。

②　x人のa％は$x\times\dfrac{a}{100}=\dfrac{ax}{100}$（人）。これが400人以上であることを不等式で表す。○以上，○以下は○をふくむので，$\geqq$，$\leqq$を使う。

－10－

〔1〕

《解答》

(1) 24L　(2) 8km　(3) 男子10人　女子8人　(4) 60円　(5) 午前8時2分　(6) 210km

(7) 男子60人　女子70人　(8) Aさん（毎分）140（m）父（毎分）60（m）　(9) 6,7,8　(10) 6cm,14cm

《解説》

(1) 5分後に15L入っているということは，$15÷5＝3$Lずつ1分ごとに入ることになる。つまり，1分で3Lずつたまっていく。8分後に満水になったので，$3×8＝24$（L）

(2) 自転車で走った距離を$x$kmとすると，

$$\frac{x}{15}+\frac{18}{60}+\frac{12-x}{8}=\frac{80}{60}$$

両辺を120倍すると，$8x+36+180-15x=160$

$-7x=-56$　$x=8$　よって，8（km）

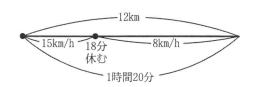

(3) 男子の人数をx人，女子の人数をy人とする。A型の人数が6人であることから，$\frac{2}{5}x+\frac{1}{4}y=6\cdots$①

女子の人数が男子の人数の$\frac{4}{5}$であることから，$y=\frac{4}{5}x\cdots$②

②を①に代入して，$\frac{2}{5}x+\frac{1}{4}×\frac{4}{5}x=6,$　$\frac{2}{5}x+\frac{1}{5}x=6,$　$\frac{3}{5}x=6,$　$x=6×\frac{5}{3}=10$

$x=10$を②に代入して，$y=\frac{4}{5}×10=8$

(4) 画用紙の単価をx円とすると，$15x＝(15-6)x+200×2-40$　これを解いて，$x=60$　よって，60（円）

(5) 青色は一度ついてから，もう一度つくまでには$50+10＝60$（秒）かかる。赤色は一度ついてから，もう一度つくまでに$27+13＝40$（秒）かかる。60と40の最小公倍数は120なので，（120秒後＝）2分後に同時につくことになる。よって，午前8時2分

(6) ガソリン1Lあたり100円なので，1750円$÷100$円$＝17.5$L使ったことになる。車は1Lあたり12（km）走るので，12（km）$×17.5$（L）$＝210$（km）　よって210（km）

(7) 男子の人数をx人，女子の人数をy人とすると，$\begin{cases}x+y=130 & \cdots① \\ 0.15x+0.1y=16 & \cdots②\end{cases}$　が成り立つ。

②の両辺に100をかけて，$15x+10y=1600$　両辺を5でわって，$3x+2y=320\cdots$③

③$-$①$×2$より，$3x-2x=320-260,$　$x=60$　これを①に代入して，$60+y=130,$　$y=70$

(8) Aさんの自転車の速さを毎分xm，父の歩く速さを毎分ymとする。Aさんが30分で進む道のりは$30x$m，父が30分で歩く道のりは$30y$m 同じ方向に進み，Aさんが父に追いつくとき，Aさんは父より2400m多く進むことになるから，$30x-30y=2400$…① また，反対の方向に進むとき，出会うまでに2人が進んだ道のりの合計は2400mになるから，$12x+12y=2400$…② ①の両辺を30でわると，$x-y=80$…③ ②の両辺を12でわると，$x+y=200$…④ ③＋④より，$2x=280$，$x=140$ $x=140$を④に代入すると，$140+y=200$，$y=60$

(9) 連続する3つの自然数を，$x-1$，x ，$x+1$とすると，$(x-1)\times(x+1)=x\times3+27$
この方程式を整理して，$x^2-3x-28=0$，$(x-7)(x+4)=0$，$x=7$，-4 xは自然数だから，$x=7$ よって，求める連続する3つの自然数は，6，7，8

(10) （長方形の周の長さ）＝（縦＋横）×2より，求める2辺の長さを$x$cm，$(20-x)$cm
と表すことができる。よって，$x\times(20-x)=84$より，$x^2-20x+84=0$，$(x-6)(x-14)=0$，
$x=6$，14 xは$0<x<20$で正の数より，ともに答えとして適している。

〔2〕

《解答》

(1) $y=\dfrac{3}{4}x-6$ (2) $y=\dfrac{1}{2}x-\dfrac{3}{2}$ (3) $y=3x-11$ (4) $y=-2x+3$ (5) $y=-2x-8$

(6) $y=\dfrac{1}{2}x^2$ (7) $-18\leqq y\leqq0$ (8) 3 (9) 10（m／s）

《解説》

(1) 変化の割合が$\dfrac{3}{4}$なので，$y=\dfrac{3}{4}x+b$とおける。$x=4$のとき，$y=-3$なので，$-3=\dfrac{3}{4}\times4+b$

$-6=b$ よって，$y=\dfrac{3}{4}x-6$

(2) 傾きが$\dfrac{1}{2}$なので，$y=\dfrac{1}{2}x+b$とおける。(5，1)を通るので，$1=\dfrac{1}{2}\times5+b$ $-\dfrac{3}{2}=b$ よって，

$y=\dfrac{1}{2}x-\dfrac{3}{2}$

(3) 傾きが3なので，$y=3x+b$とおける。(2，-5)を通るので，$-5=3\times2+b$ $-11=b$ よって，

$y=3x-11$

(4) yがxの1次関数なので，$y=ax+b$とおける。(1，1)を通るので，$1=a+b$・・・①

(5，-7)を通るので，$-7=5a+b$・・・② ①，②の連立方程式を解いて，$(a，b)=(-2，3)$

よって，$y=-2x+3$

(5) 平行ならば傾きが等しいので，$y=-2x+b$とおける。(-3，-2)を通るので，$-2=6+b$ $b=-8$

よって，$y=-2x-8$

(6) yがxの2乗に比例しているので，$y=ax^2$とおける。(-4，8)を通るので，$8=a\times(-4)^2$ $8=16a$ a

$=\dfrac{1}{2}$ よって，$y=\dfrac{1}{2}x^2$

(7)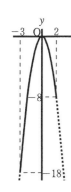

左図のように，

y軸から最も離れているときが最小値，

最大値は原点のとき。

(8) $x = 3$ のとき，$y = \dfrac{1}{3} \times 3^2 = 3$

$x = 6$ のとき，$y = \dfrac{1}{3} \times 6^2 = 12$

変化の割合 $= \dfrac{y \text{の増加量}}{x \text{の増加量}}$

$= \dfrac{12 - 3}{6 - 3}$

$= \quad 3$

(9) 平均の速さは，

x	2秒	→	3秒	1秒
y	8m	→	18m	10m

なので，10(m/s)

〔3〕

《解答》

(1) △OQC (2) △CRO (3) △DRO，△BPO

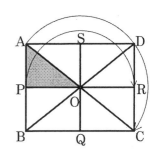

《解説》

(1) 向きが同じものをさがす。

(2) 右の図のように，180°の回転移動で重ねることができる。

(3) 直線SOで折ると△DROに，直線POで折ると△BPOに重ねることができる。

〔4〕

《解答》

(1) 円柱 (2) 三角すい

《解説》

(1) 平面図(底面)が円で，正面から見ると四角形に見えるのは円柱。

(2) 平面図(底面)が三角形で，正面から見ると三角形に見えるのは三角すい。

〔5〕

《解答》

(1) 28度　(2) 130度　(3) 83度　(4) 正九角形　(5) 38度　　(6) ∠x＝90度，∠y＝65度

(7) ∠x＝25度　　(8) $\frac{21}{5}$〔4.2〕cm　(9) 25：4　(10) 4πcm　(11) 120度　(12) 45πcm³

(13) 表面積　27πcm²，体積　18πcm³　(14) ① 6cm³　② $\frac{9}{5}$cm

《解説》

(1) △ABCで，内角と外角の関係から，42°＋∠x＝70°　∠x＝70°－42°＝28°

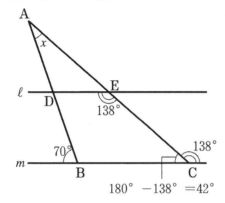

(2) 三角形の外角の考え方を使う。

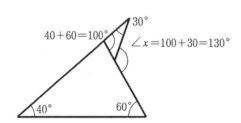

(3) 下の図の△APBで，∠APB＝180°－(∠a＋∠b)　四角形ABCDの内角の和は，360°なので∠A

　　＋∠B＝360°－95°－71°＝194°　よって，∠a＋∠b＝194°÷2＝97°となり，∠APB＝180°－97°＝83°

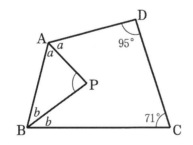

(4) 1つの内角の大きさが140°より，1つの外角の大きさは180°－140°＝40°　　多角形の外角の和は360°

　　だから，360°÷40°＝9　　よって，正九角形

(5)　△ADE≡△CDFなので，∠ADE＝∠CDF

　　∠x＝90°－（90°－64°）×2＝90°－26°×2＝90°－52°＝38°

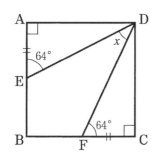

(6)　三角形の外角の性質より，110°＝∠x＋20°　∠x＝90°　∠ABCはACに対する円周角なので，

　　∠ABC＝90°÷2＝45°　同様に三角形の外角の性質より，110°＝∠y＋45°　∠y＝65°

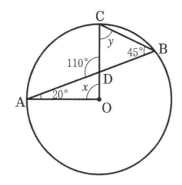

(7)　2点O，Aを結ぶ。OA＝OCだから，∠OAC＝∠OCA＝40°　AC⊥OBだから，∠AOB＝180°－

　　40°－90°＝50°　$\overset{\frown}{AB}$に対する円周角と中心角の関係より，∠x＝50°×$\dfrac{1}{2}$＝25°

(8)　△ABE∽△DCEより相似比は14：6＝7：3　よって，DE：EA＝3：7　また，△DEF∽△DAB

　　なので相似比は3：10　よって，EF：AB＝3：10　EF＝$\dfrac{42}{10}$＝$\dfrac{21}{5}$〔4.2〕cm

(9)　AD∥BCより，DE：EB＝AD：BC＝6：9＝2：3，DE：DB＝2：（2＋3）＝2：5　△DEF∽
　　△DBCより，△DEF：△DBC＝DE²：DB²＝2²：5²＝4：25　また，AD∥BCより，△ABC＝
　　△DBC　よって，△ABC：△DEF＝25：4

(10) （弧の長さ）＝$2\pi\times$（半径）$\times\dfrac{（中心角）}{360°}$ だから，$2\pi\times10\times\dfrac{72°}{360°}=4\pi$ (cm)

(11) 展開図を考えると下の図のようになる。底面の円周とおうぎ形の弧が同じ長さなので，

$3\times2\times\pi=6\pi$ cm　よって，$\dfrac{6\pi}{18\pi}\times360°=120°$

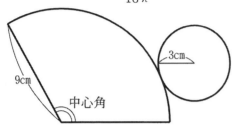

(12) 円柱の底面の半径を x cmとすると，$2\pi x=6\pi$，$x=3$(cm)　よって，体積は，$\pi\times3^2\times5=45\pi$ (cm³)

(13) 回転してできる立体は半球になる。
　表面積…$\overset{\frown}{AB}$がつくる曲面の面積は，球の表面積の半分だから，$4\pi\times3^2\div2=18\pi$ (cm²)
　　　　　半径OBがつくる円の面積は，$\pi\times3^2=9\pi$ (cm²)
　　　　　よって，表面積は，$18\pi+9\pi=27\pi$ (cm²)
　体　積…球の半分になるから，$\dfrac{4}{3}\pi\times3^3\div2=18\pi$ (cm³)

(14)① 三角すいD－BGCの底面を△BGCとすると，高さはDCになる。求める体積は，$\dfrac{1}{3}\times△BGC\times DC$
　　$=\dfrac{1}{3}\times\dfrac{1}{2}\times4\times3\times3=6$(cm³)
　②　△ABDと△FBGは，AB＝FB，AD＝FG，∠BAD＝∠BFG（＝90°）で，2組の辺とその間の角がそれぞれ等しいので合同になる。よって，BD＝BG＝5(cm)　点Pと線分BDとの距離を x cmとすると，△BPDの面積について，$\dfrac{1}{2}\times BP\times DC=\dfrac{1}{2}\times BD\times x$ が成り立つ。
　　したがって，$\dfrac{1}{2}\times3\times3=\dfrac{1}{2}\times5\times x$，$\dfrac{5}{2}x=\dfrac{9}{2}$，$5x=9$，$x=\dfrac{9}{5}$(cm)

〔6〕

《解答》

(1)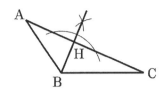

(2)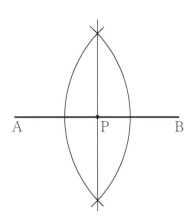

(3)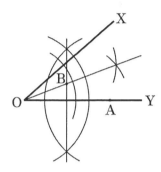

(4)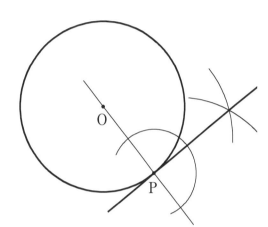

(5)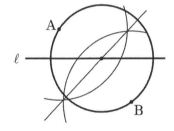

《解説》

(1) ∠AHB＝90°のとき，BHは△ABCの高さになるから，点Bを通る辺ACの垂線を作図する。

　① 点Bを中心として，辺ACと2点で交わる円をかき，その交点をP，Qとする。

　② 2点P，Qを中心として半径の等しい円をかき，交点の1つをRとする。

　③ 2点B，Rを通る直線(点Bを通る辺ACの垂線)と辺ACとの交点をHとする。

(2) 線分ABの中点は，線分ABの垂直二等分線を作図して求めることができる。

(3) OB＝ABとなる点Bは，2点O，Aから等しい距離になる点だから，線分OAの垂直二等分線上にある。

　　すなわち，∠XOYの二等分線と線分OAの垂直二等分線の交点をBとする。

(4) 円の接線は，接点を通る半径(直径)に垂直だから，点Pを通り直線OPに垂直な直線を作図する。

(5)① 線分ABの垂直二等分線を作図する。

　② ①の垂直二等分線と直線ℓとの交点が求める円の中心になる。

〔7〕

《解答》

22.5(m)

《解説》

資料を大きい順に並べると，29　28　28　25　<u>23　22</u>　21　21　18　16

中央に位置する値は，23と22だから，中央値はこの2つの記録の平均で，$\dfrac{23+22}{2}=22.5$(m)

〔8〕

《解答》

(1)　21(cm)　(2)　60.5(cm)

《解説》

資料を大きい順に並べると，69，66，65，63，61，60，58，57，55，48

(1)　資料の最も大きい値から，最も小さい値をひくと，69－48＝21(cm)

(2)　中央にある値は，61と60だから，この平均を求めて，$\dfrac{61+60}{2}=60.5$(cm)

〔9〕

《解答》

8.8(秒)

《解説》

記録の合計は，7.5×4＋8.5×8＋9.5×6＋10.5×2＝30.0＋68.0＋57.0＋21.0＝176.0(秒)である。よって，

平均値は，176.0÷20＝8.8(秒)

〔10〕

《解答》

(1)　10(分)　(2)　0.3

《解説》

(1)　階級の幅は区間の大きさのことをいうので，10分。

(2)　度数の最も大きい階級は20分～30分で，度数は12人。学級の生徒数は40人だから，相対度数は，

$\dfrac{12}{40}=0.3$

〔11〕

《解答》

(1) 15.5(秒) (2) 14.5(秒)

《解説》

(1) 度数の最も多い階級(15秒以上16秒未満)の階級値だから，$\dfrac{15+16}{2}=15.5$(秒)

(2) 資料を大きさの順に並べたとき，中央に位置する値である。資料は25あるから，中央値は13番目の値である。13秒以上15秒未満の人数は13人だから，13番目の資料は14秒以上15秒未満の階級に入る。よって，この階級の階級値を求めて，$\dfrac{14+15}{2}=14.5$(秒)

〔12〕

《解答》

中央値 2.5(点)，最頻値 2(点)，平均値 2.7(点)

《解説》

　中央値…人数が20人だから，中央値は，得点を低い順に並べたとき，10番目と11番目の得点の平均値になる。得点が2点までの生徒の人数の合計は，$3+7=10$(人)だから，10番目の得点は2点，11番目の得点は3点になる。中央値は，$\dfrac{2+3}{2}=\dfrac{5}{2}=2.5$(点)　最頻値は，人数の最も多い得点だから2点。

平均値は，$\dfrac{1\times3+2\times7+3\times5+4\times3+5\times2}{20}=\dfrac{54}{20}=2.7$(点)

〔13〕

《解答》

$a=0.12$，$b=5$，$c=7$，$d=0.28$

《解説》

a…相対度数$=\dfrac{その階級の度数}{度数の合計}$より，$a=\dfrac{3}{25}=0.12$

b…その階級の度数$=$度数の合計$\times$相対度数より，$b=25\times0.20=5$

c…度数の合計が25人だから，$c=25-(3+5+8+2)=25-18=7$

d…$c=7$より，$d=\dfrac{7}{25}=0.28$

〔14〕

《解答》

(1)ア 5 イ 60 (2) 33.5(点)

《解説》

(1) 度数分布表に整理すると，右の表のようになる。

(2) $\dfrac{670}{20}=33.5$(点)

	階級(点) 以上　　未満	階級値 (点)	度数 (人)	(階級値)×(度数)
一	0〜10	5	1	5×1＝5
正	10〜20	15	4	15×4＝60
下	20〜30	25	3	75
正	30〜40	35	5	35×5＝175
下	40〜50	45	3	45×3＝135
正	50〜60	55	4	55×4＝220
	合計		20	670

〔15〕

《解答》

(1)　0.4　(2)　38 (cm)

《解説》

度数分布表においては，各階級に属する記録はすべて階級値であると考える。例えば，30cm以上40cm未満の階級に属する10人の垂直とびの記録はすべて35cmと考える。

(1)　(相対度数)＝$\dfrac{(その階級の度数)}{(度数の合計)}$ だから，$\dfrac{8}{20}$＝0.4

(2)　(階級値)×(度数)の合計は，50＋35×10＋45×8＝50＋350＋360＝760 (cm)　よって，20人の平均値は，

760÷20＝38 (cm)

〔16〕

《解答》

ア，エ

《解説》

20人の得点を小さい順に並べる。

ア…データの値を小さい順に並べたとき，前半の10個のデータの中央値が第1分位数で，$\dfrac{(7+7)}{2}$ ＝ 7 (点)

　　また，後半の10個のデータの中央値が第3四分位数で，$\dfrac{(9+10)}{2}$ ＝ 9.5 (点)

　　よって，四分位範囲 ＝ 第3四分位数 － 第1四分位数 ＝ 9.5 － 7 ＝ 2.5 (点)

イ…中央値は，$\dfrac{(8+8)}{2}$ ＝ 8 (点)　なお，8.2点は平均値である。

ウ…最頻値は7点である。

エ…9点以上の生徒の人数は，4＋5＝9 (人) だから，その割合は，$\dfrac{9}{20}$×100 ＝ 45 (%)

〔17〕

《解答》

$2.35 \leqq a < 2.45$

《解説》

a の値の範囲は，右の図のようになる。 ● はふくみ，○ はふくまない。

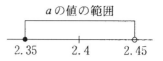

〔18〕

《解答》

$2.30 \times 10^3 (\mathrm{m})$

《解説》

有効数字が2，3，0だから，小数部分は2.30となる。2.30を2300にするためには，$1000 = 10^3$ をかければよい。
よって，$2.30 \times 10^3 (\mathrm{m})$

〔19〕

《解答》

(1) $1.6 \times 10^5 (\mathrm{km})$ (2) $5.40 \times 10^3 (\mathrm{g})$

《解説》

(1) $1.6 \times 100000 = 1.6 \times 10^5$

(2) 上から3けたが有効数字だから，$5.40 \times 1000 = 5.40 \times 10^3$ 5.40の0を省略しないように。

〔20〕

《解答》

(1) 標本調査   (2) 全数調査

《解説》

(1) テレビの視聴率調査は，すべての人に対して行えないので標本調査で調べる。

(2) テストは生徒全員に行うから全数調査。

場合の数と確率

〔**1**〕

《解答》

(1) 4通り　(2) 9通り

《解説》

(1) 次に出る目が1，2，3，5の4通り。

(2) 2回ふって，ゴールにつく場合は下の通りとなる。

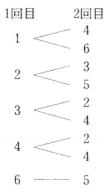

〔**2**〕

《解答》

(1) 20通り　(2) 10通り　(3) $\dfrac{2}{5}$　(4) $\dfrac{3}{5}$

《解説》

(1) 部長を先に決めた場合，副部長はそれぞれ4通り。部長は誰がしても良いので，4通り×5＝20通り

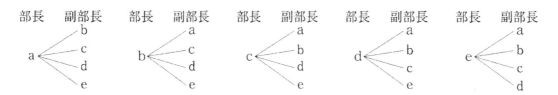

(2),(3) 2人の組み合わせ方は下の10通り。そのうち，cが含まれるのは●がついているところなので4通り。

よって，確率は $\dfrac{4}{10}＝\dfrac{2}{5}$

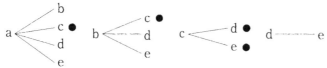

(4) cの選手が選ばれない確率は，1－(選ばれる確率)だから，$1－\dfrac{2}{5}＝\dfrac{3}{5}$

〔**3**〕

《解答》

(1)　$\dfrac{1}{6}$　　(2)　$\dfrac{3}{5}$

《解説》

(1)　2本の当たりくじをp，q，2本のはずれくじをx，yとすると，AとBの引き方は，右の図のようになり，全部で$3×4＝12$(通り)ある。A，Bともに当たりくじを引く場合は「○」印をつけた2通りだから，求める確率は$\dfrac{2}{12}＝\dfrac{1}{6}$

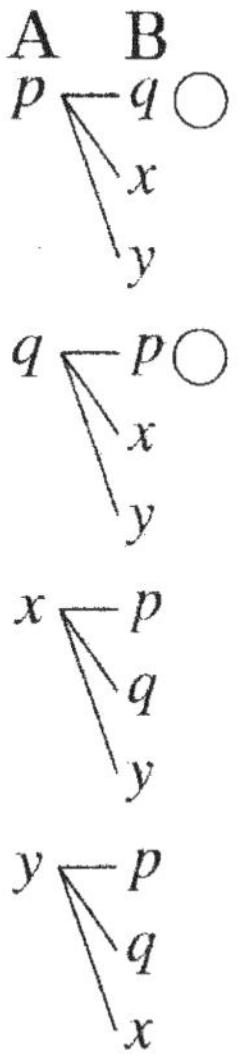

```
A  B
p ┌q ○
  ├x
  └y
q ┌p ○
  ├x
  └y
x ┌p
  ├q
  └y
y ┌p
  ├q
  └x
```

(2)　2人の選び方は，右の図のようになる。全部で，$4＋3＋2＋1＝10$(通り)あり，このうち男子と女子が1人ずつになる場合は「○」印をつけた6通りだから，求める確率は$\dfrac{6}{10}＝\dfrac{3}{5}$

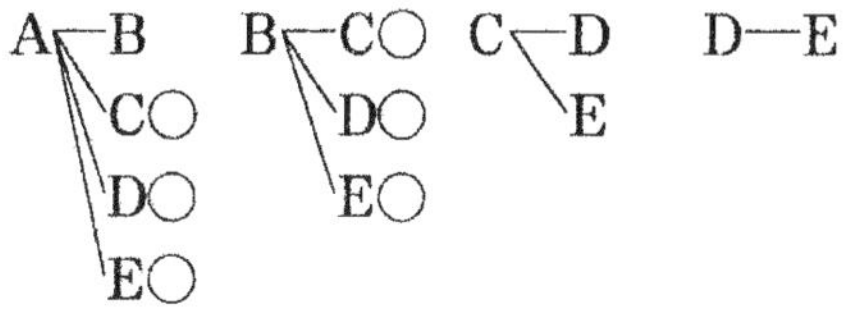

```
A┌B      B┌C○   C┌D   D─E
 ├C○      ├D○    └E
 ├D○      └E○
 └E○
```

〔**4**〕

《解答》

| 1 | 10 | 2 | 2 | 3 | $\dfrac{1}{5}$ | 4 | $\dfrac{6}{25}$ |

《解説》

　　表を作って考えると良い。**A**の方法では，2枚同時に取り出す。全ての場合は，5×4÷2＝10で，和が8以

上になる場合（表中の●印）は1＋1＝2（通り）である。よって確率は，$\dfrac{1}{5}$となる。**B**の方法では，1枚目を元

に戻してから，2枚目を取り出す。全ての場合の数は，5×5＝25（通り）で，和が8以上になる場合（表中の△

印）は，1＋2＋3＝6（通り）である。よって確率は，$\dfrac{6}{25}$である。

1枚目 2枚目	1	2	3	4	5
1					
2					
3					●△
4				△	●△
5			△	△	△

	取り出す方法	全ての場合の数	和が8以上に なる場合の数	和が8以上 になる確率
A	2枚同時に取り出す	5×4÷2＝10	1＋1＝2	$\dfrac{1}{5}$
B	1枚目を戻してから 2枚目を取り出す	5×5＝25	1＋2＋3＝6	$\dfrac{6}{25}$

〔**5**〕

《解答》

(1) $\frac{3}{10}$　(2) $\frac{1}{7}$

《解説》

(1) 同時の場合は半分より下を消して，$\frac{3}{10}$

	赤1	赤2	赤3	白1	白2
赤1	×	○	○		
赤2	×	×	○		
赤3	×	×	×		
白1	×	×	×	×	
白2	×	×	×	×	×

(2) $\frac{6}{49-7}=\frac{1}{7}$

A＼B	赤1	赤2	赤3	白1	白2	黒1	黒2
赤1	×	○	○				
赤2	○	×	○				
赤3	○	○	×				
白1				×			
白2					×		
黒1						×	
黒2							×

〔**6**〕

《解答》

(1) 15(通り)　(2) $\frac{8}{15}$

《解説》

	1円	5円	10円	50円	100円	500円
1円		6円	11円	51円	101円	501円
5円			15円	55円	105円	505円
10円				60円	110円	510円
50円					150円	550円
100円						600円
500円						

上の表のようになり，取り出し方は15通り。また，金額が奇数になるのは◯の8通り。よって，$\frac{8}{15}$

〔**7**〕

《解答》

(1)　12（通り）　(2)　$\dfrac{1}{6}$

《解説》

　下のような表を作って考えると良い。

a＼b	1	2	3	4	5	6
1		●		○	○●	○
2	●			●	○	○
3			●			○●
4		●		●		
5	●		●			
6			●			●

(1)　$a＋b$が3の倍数となる場合は，（3，6，9，12）で表中の●印の12通りである。

(2)　$a－b＜－2$となる場合は，表中の○印の通り6通りである。よって確率は，$\dfrac{6}{36}＝\dfrac{1}{6}$となる。

〔**8**〕

《解答》

(1)　20通り　(2)　$\dfrac{3}{10}$

《解説》

(1)　4×5＝20通り

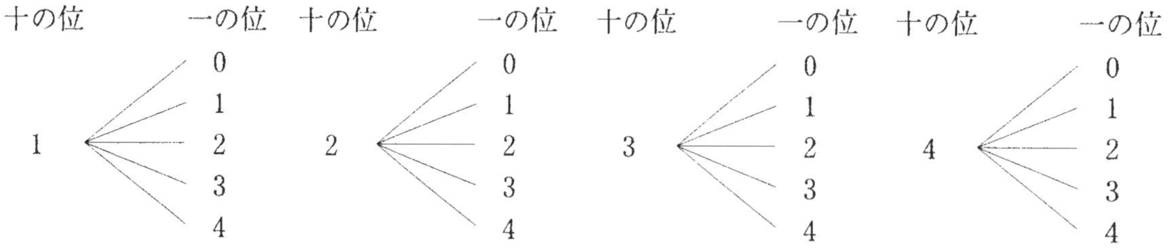

(2)　(1)の樹形図より求める。または3の倍数となるということは，各位の数の和が3の倍数となれば良い。よって下の図の6通り　$\dfrac{6}{20}＝\dfrac{3}{10}$

```
1 － 2 （和が3）
2 － 1 （和が3）
2 － 4 （和が6）
3 － 0 （和が3）
3 － 3 （和が6）
4 － 2 （和が6）
```

〔**9**〕

《解答》

(1) $\dfrac{1}{4}$　(2) $\dfrac{3}{8}$

《解説》

(1), (2) コインを3回投げるとき，下の樹形図から，全体の場合の数は8通り。3回目にAにある確率は $\dfrac{2}{8}=$

$\dfrac{1}{4}$　また，3回目にBにある確率は $\dfrac{3}{8}$

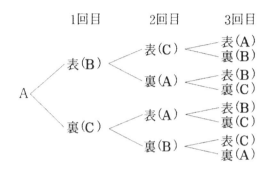

〔**10**〕

《解答》

(1) $\dfrac{1}{9}$　(2) $\dfrac{5}{18}$　(3) $\dfrac{5}{12}$

《解説》

(1), (2) 表にして，x，yの数字を書くと，下のようになる。(1)$\dfrac{4}{36}=\dfrac{1}{9}$　(2)$\dfrac{10}{36}=\dfrac{5}{18}$

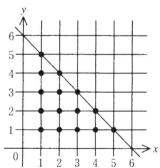

(3) $y=-x+6$をグラフとして書くと，下の図のようになる。直線上も含めるので，黒い点が条件を満たす

点となる。よって，$\dfrac{15}{36}=\dfrac{5}{12}$

〔11〕

《解答》

(1) 4（通り）

(2) ア…9，イ…$\dfrac{2}{9}$

(3) 頂点…D，確率…$\dfrac{5}{18}$

《解説》

(1) 1と4，2と3，3と2，4と1の4通り。

(2) すべての場合の数は，36通り。

出た目の和が5，9となるのは，8通り。

求める確率は，$\dfrac{8}{36}=\dfrac{2}{9}$

小＼大	1	2	3	4	5	6
1			○			
2			○			
3		○				○
4	○				○	
5				○		
6			○			

(3) 表より，頂点Dに最もおはじきが止まりやすい。

また，すべての場合の数は，36通り。

頂点Dに止まるのは，10通り。

求める確率は，$\dfrac{10}{36}=\dfrac{5}{18}$

小＼大	1	2	3	4	5	6
1	C	D	A	B	C	D
2	D	A	B	C	D	A
3	A	B	C	D	A	B
4	B	C	D	A	B	C
5	C	D	A	B	C	D
6	D	A	B	C	D	A

〔1〕

《解答》

(1) 43　(2) 371　(3) 1

《解説》

(1) (6, 7)のマスに入る数は，6×7＝42だから，(7, 1)は42＋1＝43である。

(2) $x＝1$のときの数の和は28，$x＝2$のときは77，$x＝3$のときは126で，49ずつ増えている。よって，$x＝8$のときの数の和は，28＋49×(8－1)から371である。

(3) 表の$y＝7$の縦に並ぶ数は7の倍数である。$y＝1$に並ぶ数は，7で割ったときのあまりの数は1となっている。このことから，$y＝3$，$y＝5$のそれぞれから取り出した数は，あまりが3，5である。よって，3＋5＝8は，7で割るとあまりが1だから，$y＝1$となる。

〔2〕

《解答》

(1) 14段目　(2) （枚数）29枚，（シールの形）◎　(3) 13段目から15段目

《解説》

(1), (2) 下の表のようにまとめると，14段目に5回目になるとわかる。また，15段目は，3の倍数なのでシール◎ということがわかる。そのときのシールの枚数は，2×15－1＝29(枚)となることもわかる。

シール	回目	段目	枚数
	1	2	3
	2	5	9
	3	8	15
○	4	11	21
	⋮	⋮	⋮
	n	$3n－1$	$6n－3$
		x	$2x－1$

(3) 最初の段をx段目とすると，枚数は，$2x－1$(枚)となる。$(x＋1)$段目では，シールが2枚増え，$2x－1＋2＝2x＋1$(枚)となる。$(x＋2)$段目では，$(x＋1)$段目よりシールが2枚増え，枚数は$(2x＋1)＋2＝2x＋3$(枚)となる。よって，$(2x－1)＋(2x＋1)＋(2x＋3)＝81$　$x＝13$から，13段目から15段目となる。

〔3〕

《解答》

(1) 53　　(2) 420　　(3)①（a＝）9

②（証明）（正答例）　a, b, d, e をそれぞれ c を用いて表すと，

　　a＝c－7, b＝c－1, d＝c＋1, e＝c＋7

　　bd－ae＝（c－1）（c＋1）－（c－7）（c＋7）

　　　　　　＝c²－1－（c²－49）

　　　　　　＝c²－1－c²＋49

　　　　　　＝48

　　よって，bd－ae＝48 である。

《解説》

(1) それぞれの列の数は7ずつ大きくなる。4列目の1行目の数が4だから，8行目の数は，4＋7×（8－1）＝4＋7
　　×7＝4＋49＝53

(2) 4列目（真ん中）の数を n とすると，その行に並んでいる7個の自然数は左から，「n－3, n－2, n－1, n, n＋1,
　　n＋2, n＋3」と表せる。よって，7個の自然数の和は，

　　（n－3）＋（n－2）＋（n－1）＋n＋（n＋1）＋（n＋2）＋（n＋3）＝7n

　　つまり，その行に並んでいる7個の自然数の和は，4列目の数の7倍になる。

　　　9行目の4列目の数は，(1)の53を利用すると，53＋7＝60　よって，和は，60×7＝420

(3)①　b, c, d, e をそれぞれ a を用いて表すと，b＝a＋6, c＝a＋7, d＝a＋8, e＝a＋14　a＋b＋c＝d＋e に
　　　代入すると，a＋a＋6＋a＋7＝a＋8＋a＋14，3a＋13＝2a＋22，a＝9

　　②　a＝c－7, b＝c－1, d＝c＋1, e＝c＋7 より，「bd－ae＝（c－1）（c＋1）－（c－7）（c＋7）＝c²－1－（c²－49）
　　　＝48」を導く。

〔4〕

《解答》

(1) 17　　(2) 49　　(3) 20n－7　　(4) 17周目の頂点A

《解説》

(1) それぞれの頂点に並べるカードは右の図のようになる。

(2) それぞれの頂点に並べるカードに書かれている奇数は20ずつ大き
　　くなることに着目する。1周目に頂点Eに並べるカードに書かれて
　　いる奇数は9だから，3周目は，9＋20＋20＝49

(3) (2)と同様に考えると，13＋20（n－1）＝13＋20n－20＝20n－7

(4) 「321＝1＋20×16＝1＋20×（17－1）」と変形できることから，
　　321が書かれたカードは，17周目の頂点Aに並べることになる。

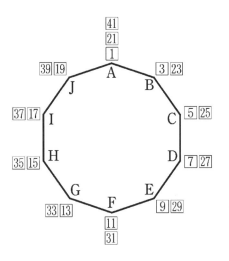

〔5〕

《解答》

(1) 18（個）　　(2) 4n＋2（個）　　(3) 100n²（cm²）

《解説》

(1) 1番目…6個→（＋4）→2番目…10個→（＋4）→3番目…14個　よって，4番目は14＋4＝18（個）

(2) n番の縦には n＋1個のレンガ，横には n個のレンガが並んでいるので，

　　（n＋1）×2＋n×2＝2n＋2＋2n＝4n＋2（個）

(3) 中の形は正方形で，1辺が10n cmなので，10n×10n＝100n²（cm²）となる。

〔6〕

《解答》

(1) 10（個）　(2) $2n+3$（個）　(3) 10（番目），78（個）

《解説》

黒石と白石の増え方を例で示した順番と関連付けながら調べ，表にまとめて共通する規則を見つけることがポイントとなる。

(3)は，(2)で$2n+3$（個）であることがわかれば，$2n+3=23$という方程式を解き，$n=10$（番目）ということがわかる。よって黒石の数は$\dfrac{10\times11}{2}=55$（個）なので，合計は$55+23=78$（個）となる。

順番	黒石	白石	合計
1	1	5	6
2	$1+2=3$	7	10
3	$1+2+3=6$	9	15
4	$1+2+3+4=10$	11	21
⋮	⋮	⋮	⋮
10	$1+2+\cdots+10=55$	23	78
⋮	⋮	⋮	⋮
n	$1+2+\cdots+n$ $=(1+n)\times n\times\dfrac{1}{2}$ $=\dfrac{n(n+1)}{2}$	$5+2\times(n-1)$ $=5+2n-2$ $=2n+3$	

〔7〕

《解答》

(1) 80（cm）　(2) $12m+8$（cm）　　(3) 白いシール　27（枚）　黒いシール　9（枚）　　　(4) 39（枚）

《解説》

(1) A，Bを1枚ずつ並べてできる長方形の横の長さは，$4+2=6$（cm）である。6枚ずつ並べたときは，$6\times6=36$（cm）になる。また，縦の長さは4cmで一定だから，周の長さは，$36\times2+4\times2=72+8=80$（cm）

(2) (1)と同様に考えると，$6m\times2+4\times2=12m+8$（cm）

(3) カードの枚数とシールの枚数の関係を，次の図をもとに表にまとめると下のようになる。

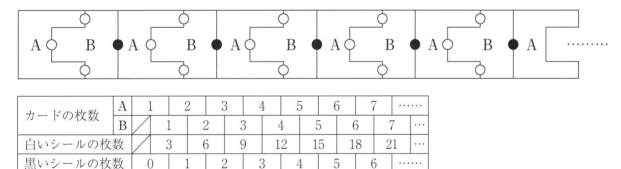

カードの枚数	A	1	2	3	4	5	6	7	……
	B		1	2	3	4	5	6	7	…
白いシールの枚数			3	6	9	12	15	18	21	…
黒いシールの枚数		0	1	2	3	4	5	6	……

白いシールの枚数…カードBが1枚のときが3枚で，1枚増えるごとに3枚ずつ増えるから，カードBが9枚のときは，$3\times9=27$（枚）

黒いシールの枚数…カードAが1枚のときは0枚，2枚のときは1枚，3枚のときは2枚，…となるから，カードAが10枚のときは，$10-1=9$（枚）

(4) カードAとBをx枚ずつ並べたとき（問題の図3のような状態）とする。(3)と同様に考えると，

白いシールの枚数は，$3\times x=3x$（枚）

黒いシールの枚数は，$x-1$（枚）

この合計は，$3x+x-1=4x-1$（枚）　よって，$4x-1=52$として解いてみると，$4x=53$，$x=\dfrac{53}{4}$となる。ただし，xの値は自然数だから，問題に当てはまらない。

次に，カードBを1枚減らして（問題の図4のような状態），カードAをx枚，カードBを$x-1$（枚）として求めてみる。$3(x-1)+x-1=52$として解くと，$4x-4=52$，$4x=56$，$x=14$　これは問題に適している。よって，カードBの枚数が$14-1=13$（枚）となるから，白いシールの枚数は，$3\times13=39$（枚）

〔**8**〕

《解答》

(1)　100　(2)　$3n$　(3)　$n=15$

《解説》

(1)　$n=10$のとき，自然数は縦に10個，横に10個ならぶから，合計$10×10=100$（個）になる。よって，10行目の10列目の自然数は100

(2)　それぞれの列に並ぶ自然数の個数はn個だから，n行目の2列目の自然数は$2n$，3列目は$3n$

(3)　n行目の$(n-1)$列目の自然数は，$n×(n-1)=n^2-n$となる。2行目のn列目の自然数は，それより2大きいので，n^2-n+2　よって，$n^2-n+2=212$が成り立つ。整理して解くと，$n^2-n-210=0$，$(n-15)(n+14)=0$，nは自然数だから，$n=15$

〔**9**〕

《解答》

(1)　25（枚）　(2)　$4n+4$（枚）　(3)　20（番目）

《解説》

(1)　5番目の図形において，黒いタイルがつくる正方形の1辺に並ぶタイルの枚数は5枚である。よって，全部で$5^2=25$（枚）

(2)　n番目の図形は右のような形になる。このとき，外側の白のタイルの枚数は，$n×4+4=4n+4$（枚）

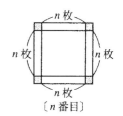

[n番目]

(3)　n番目の図形では，黒のタイルの枚数…n^2（枚）　白のタイルの枚数…$4n+4$（枚）よって$n^2-(4n+4)=316$が成り立つ。これを解くと，$n^2-4n-4=316$，$n^2-4n-320=0$，$(n+16)(n-20)=0$　$n>0$より　$n=20$（番目）

〔10〕

《解答》

(1) $a=36$, $b=28$, $c=64$　(2) ① $x-n$ (枚) または n^2-x (枚)　② $x=\dfrac{n^2+n}{2}$　③ $n=12$

《解説》

(1) 白い正三角形のタイルと黒い正三角形のタイルをそれぞれP，Qと呼ぶことにする。

　　a…6段目，7段目，8段目に並べるPの枚数は，それぞれ6枚，7枚，8枚である。

　　　よって，$a=15+6+7+8=36$

　　b…6段目，7段目，8段目に並べるQの枚数は，それぞれ5枚，6枚，7枚である。

　　　よって，$b=10+5+6+7=28$

　　c…$36+28=64$

(2)① PとQの合計枚数の差は，1段目から順に，1枚，2枚，3枚，…である。n段目の差はn枚だから，Qの合計枚数は，$x-n$ (枚)　または，「Qの合計枚数＝PとQの総枚数－Pの合計枚数」より，n^2-x (枚)

　② PとQの総枚数は，1段目から順に，$1=1^2$ (枚)，$4=2^2$ (枚)，$9=3^3$ (枚)，…だから，n段目まで並べたときの総枚数はn^2枚である。よって，「Pの合計枚数＋Qの合計枚数＝PとQの総枚数」について①より，

　　$x+x-n=n^2$, $2x=n^2+n$, $x=\dfrac{n^2+n}{2}$

　③ Qの合計枚数は，①，②より，$\dfrac{n^2+n}{2}-n=\dfrac{n^2+n-2n}{2}=\dfrac{n^2-n}{2}$ (枚)

　　よって，$\dfrac{n^2-n}{2}=66$を解く。$n^2-n=132$, $n^2-n-132=0$, $(n+11)(n-12)=0$, $n=-11$, 12

　　$n>0$より，$n=12$

〔11〕

《解答》

(1) ㋐ 10　㋑ 9　㋒ 8　㋓ 9　(2) ① 17:55　② $a=4$

《解説》

(1) 台紙をはり終えるのに必要な色紙の枚数をn枚とすると，$n=1+(12-a)$ と表すことができる。よって，この式を利用すると

　　㋐$=1+(12-3)=10$　㋑$=1+(12-4)=9$　㋒$=1+(12-5)=8$　㋓　$4=1+(12-㋓)$　㋓$=9$

(2)① 色紙を1枚増やすと，色紙をはった部分の面積は，右の太線で囲んだ部分（🝜）の面積だけ増える。$a=2$のとき，色紙の枚数は11枚で，（🝜$=3\,\mathrm{cm^2}$）が10個分増えると考えればよいので，$S=2\times2+3\times10=34$ $(\mathrm{cm^2})$

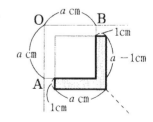

　　$T=12\times12-34=110$ $(\mathrm{cm^2})$　よって　$S:T=34:110=17:55$

　② 台紙に色紙をはり終えたとき，Sは最初の1辺$a\,$cmの正方形の面積に（🝜）が$12-a$ (個) 付け加わったと考えればよいので，$S=a^2+\{1\times a+1\times(a-1)\}\times(12-a)=a^2+(2a-1)(12-a)=-a^2+25a-12$　$S=T$ということは，Sは正方形OPQRの面積の半分だから$-a^2+25a-12=72$　この式を整理して，$a^2-25a+84=0$　$(a-4)(a-21)=0$　$a=4$, 21　ただし，$2\leqq a\leqq10$なので，$a=4$

〔1〕

《解答》

(1) （4，4）　(2)　36cm²

《解説》

(1)　2直線の交点の座標は，2直線の式を連立方程式として解いて求める。$y=-x+8$と$y=\frac{1}{2}x+2$を連立方程式として解く。$-x+8=\frac{1}{2}x+2$として，両辺に2をかけると，$-2x+16=x+4$，$-3x=-12$，$x=4$　また，y座標は，$x=4$を$y=-x+8$に代入して，$y=-4+8=4$

(2)　△BDCの底辺をCBとすると，DBが高さになる。点Bのx座標は，y座標が0だから，$0=-x+8$を解いて，$x=8$　同様に点Cのx座標は，$0=\frac{1}{2}x+2$を解いて，$\frac{1}{2}x=-2$，$x=-4$　また，点Dのy座標は，x座標が8だから，$y=\frac{1}{2}\times 8+2=4+2=6$　よって，CB$=8-(-4)=12$(cm)，DB$=6$cmだから，△BDC$=\frac{1}{2}\times 12\times 6=36$(cm²)

〔2〕

《解答》

(1)①　$(y=)3x-4$　②　$(a=)32$　(2)　（8，4）　(3)　（7，5）

《解説》

(1)①　点Pは直線ℓ上にあり，x座標が4だから，y座標は，$y=-4+12=8$　直線mとy軸との交点のy座標が-4だから，直線mの切片は-4　直線mの式を$y=kx-4$として，$x=4$，$y=8$を代入すると，$8=4k-4$，$4k=12$，$k=3$　よって，$y=3x-4$

②　$y=\frac{a}{x}$に$x=4$，$y=8$を代入すると，$8=\frac{a}{4}$，$a=32$

(2)　線分APとx軸との交点をQとし，点Pからx軸に垂線PHをひく。AQ＝PQのとき，△AOQ≡△PHQよりAO＝PHになるから，点Pのy座標は4である。x座標は，$y=-x+12$に$y=4$を代入して，$4=-x+12$，$x=8$　よって，P（8，4）

(3)　点Pのx座標をtとする。また，点Bのx座標は，$y=-x+12$に$y=0$を代入して，$0=-x+12$，$x=12$　AC$=12-(-4)=16$(cm)だから，△ABP＝△ABC－△APC$=\frac{1}{2}\times$AC$\times$OB$-\frac{1}{2}\times$AC$\times t=\frac{1}{2}\times 16\times 12-\frac{1}{2}\times 16\times t=96-8t$(cm²)　よって，$96-8t=40$を解くと，$8t=56$，$t=7$　点Pのy座標は，$y=-7+12=5$　したがって，P（7，5）

〔**3**〕

《解答》

(1)　$y=-x+8$　(2)　12　(3)　$\dfrac{8}{3}$

《解説》

(1)　求める式を $y=ax+b$ とおき，A$(0, 8)$を通るので，$b=8$　B$(4, 4)$を通るので，$4=4a+8$　$a=$ -1　よって，$y=-x+8$

(2)　下の図より，B から x 軸に下ろした垂線の足を D とすると，（△ABC の面積）＝（台形 ABDO）－ △AOC－△CDB$=(8+4)\times4\times\dfrac{1}{2}-8\times2\times\dfrac{1}{2}-4\times2\times\dfrac{1}{2}=24-8-4=12$

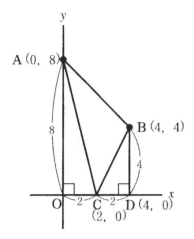

(3)　C の x 座標を a とすると，(2)と同様に考えられる。△ABC$=(4+8)\times4\times\dfrac{1}{2}-8\times a\times\dfrac{1}{2}-4\times(4-a)$ $\times\dfrac{1}{2}=24-4a-2(4-a)=16-2a$　△OAC$=8\times a\times\dfrac{1}{2}=4a$　△ABC$=$△OAC より，$16-2a=$ $4a$　$a=\dfrac{16}{6}=\dfrac{8}{3}$　よって，x 座標は $\dfrac{8}{3}$

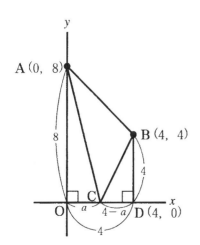

〔**4**〕

《解答》

(1)　$y=3x$　(2)　4　(3)　(5, 15)　(4)　18

《解説》

(1)　直線 ℓ の傾きは，$\dfrac{AO}{BO}=\dfrac{12}{4}=3$　平行な直線の傾きは等しいから，直線 m の傾きも3　直線 m は原点Oを通るから，直線の式は $y=3x$

(2)　点Dの y 座標は，$y=3\times2=6$　2点B (−4, 0)，D (2, 6) を通る直線の傾きは，$\dfrac{6-0}{2-(-4)}=\dfrac{6}{6}=1$　直線BDの式を $y=x+b$ として，$x=-4$，$y=0$ を代入すると，$0=-4+b$，$b=4$　b の値は直線BDの切片で，直線BDと y 軸との交点の y 座標である。

(3)　直線 ℓ の傾きは3，切片は12だから，直線 ℓ の式は $y=3x+12$　点Cの y 座標は，$y=3\times(-1)+12=-3+12=9$　よって，C (−1, 9)

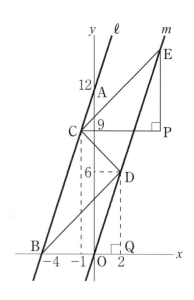

右の図で，四角形BDECが平行四辺形のとき，△ECP≡△DBQになるから，CP=BQ=2−(−4)=2+4=6，EP=DQ=6したがって，点Eの x 座標は，−1+6=5，y 座標は，9+6=15だから，E (5, 15)

(4)　$\ell /\!/ m$ だから，△BDC=△BOC　△BOCの底辺をBOとすると，高さは点Cの y 座標より9　よって，△BDC=△BOC=$\dfrac{1}{2}\times4\times9=18$

〔**5**〕

《解答》

(1)　B (8, 4)　(2)　P (4, 2)　(3)　$y=2x-6$

《解説》

(1)　平行四辺形の性質から，点Bの x 座標は，6+2=8である。よって，(8, 4)

(2)　点Pは，直線OBとACとの交点なので，

OB：$y=\dfrac{4}{8}x=\dfrac{1}{2}x\cdots$①

ACの方程式 $y=ax+b$ で，$a=\dfrac{0-4}{6-2}$　$a=-1$　よって，$y=x+b$ で，$x=6$ のとき $y=0$ から，$-6+b=0$ から $b=6$　よって，$y=-x+6\cdots$②

①，②から $\begin{cases} y=\dfrac{1}{2}x \\ y=-x+6 \end{cases}$ を解くと $x=4$，$y=2$

(3)　点Qを通り，平行四辺形を2等分する直線は，点Pを通る。よって，2点Q (5, 4) とP (4, 2) を通る直線の式を求めればよい。

連立方程式 $\begin{cases} 5a+b=4 \\ 4a+b=2 \end{cases}$ を解くと $(a, b)=(2, -6)$　よって，求める直線の式は，$y=2x-6$

〔**6**〕

《解答》

(1) 4m　(2) （20≦x≦24） $y=5x-100$，（24≦x≦36） $y=15x-340$

《解説》

(1) 底面積$6\times10=60$（m²）　24分後に仕切りがいっぱいになったので，仕切り板の高さをxmとすると，
　　$60\times x=10\times24$　$x=4$　よって，仕切り板の高さは4m

(2) 右側のしきりがいっぱいになるのは$5\times10\times2=100$（m³）　100（m³）$\div5$（m³/分）$=20$（分）　20分後には，
　　真ん中の水そうに水道管**B**からの水が入るので，$y=5\times(x-20)$　$y=5x-100$（20≦x≦24）　そして，
　　24分後には左側のしきりがいっぱいになり，真ん中に水が入る。よって，**A**と**B**の両方から水が入ること
　　になるので，$10+5=15$（m³/分）入る。$y=15(x-24)+5\times4$　$y=15x-340$（24≦x≦36）

〔**7**〕

《解答》

(1) 400m　　(2) $a=840$　　(3) 20分後　　(4) 7分

《解説》

(1) Ａさんの歩く速さは毎分80mだから，5分間で歩く距離は，$80\times5=400$（m）

(2) 5分後から12分後までは，Ｃさんが休憩しているから，2人の距離はＡさんの歩いた距離分だけ縮まる。
　　この間にＡさんが歩いた距離は，$80\times7=560$（m）　よって，$a=1400-560=840$

(3) 出発してから5分間で，ＡさんとＣさんの距離は1400m縮まる。Ｃさんの速さを毎分pmとすると，
　　$80\times5+p\times5=1400$，$5p=1000$，$p=200$　Ｃさんの速さは毎分200mだから，Ｃさんが休憩したあとt分後
　　に2人が出会うとすると，aの値が840だから，$80t+200t=840$，$280t=840$，$t=3$　よって，2人が出会う
　　のは，ＡさんがＰ地点を出発してから，$12+3=15$（分後）である。2人の距離が再び1400mになるのは，出会っ
　　てからu分後とすると，$80u+200u=1400$，$280u=1400$，$u=5$　したがって，ＡさんがＰ地点を出発し
　　てから，$15+5=20$（分後）

(4) ＣさんとＢさんは，それぞれＱ地点，Ｐ地点を出発してから，$15-1=14$（分後）に出会ったことになる。
　　14分間でＣさんが進む距離は，$200\times(14-7)=1400$（m）だから，Ｂさんが進む距離は，$2800-1400=1400$
　　（m）　Ｂさんの速さは，$1400\div14=100$より，毎分100m
　　ＡさんがＱ地点に着くのは，Ｐ地点を出発してから，$2800\div80=35$（分後）
　　ＢさんがＱ地点に着くのは，Ｐ地点を出発してから，$2800\div100=28$（分後）
　　よって，ＡさんはＢさんより，$35-28=7$（分）遅れてＱ地点に着く。

〔8〕

《解答》

(1) ① $y=-2x+20$　② $x=\dfrac{7}{2}$　(2) ① $y=10$　② $y=2x-16$

《解説》

(1)① ＡＰ＝$x$cm，ＢＱ＝$10-2x$(cm)になるから，四角形(台形)ＡＢＱＰの面積は，$(x+10-2x)\times4\div2=$
$(-x+10)\times2=-2x+20$(cm²)　よって，$y=-2x+20$

② 台形ＡＢＣＤの面積は，$(5+10)\times4\div2=30$(cm²)
四角形ＰＱＣＤの面積が17cm²であることから，四角形ＡＢＱＰの面積は，$30-17=13$(cm²)
①より，$-2x+20=13$を解く。
$-2x=13-20$，$-2x=-7$，$x=\dfrac{7}{2}$

(2)① ＡＰ＝3cm，ＢＰ＝$8-3=5$(cm)から，ＡＰ：ＢＰ＝3：5　点Mは辺ＡＣの中点であることから，
△ＡＢＭ＝△ＡＢＣ$\times\dfrac{1}{2}=32\times\dfrac{1}{2}=16$(cm²)　また，△ＢＭＰと△ＡＢＭは高さが等しいから，面積の比
と底辺の比が等しい。よって，△ＢＭＰ：△ＡＢＭ＝5：8，$y：16=5：8$，$8y=80$，$y=10$

② $8\leqq x\leqq16$のとき，点Pは辺ＢＣ上にあって，「ＢＰ＝$x-8$(cm)」と表すことができる。また，①と同じく，
△ＢＭＰと△ＣＢＭは高さが等しいから，面積の比と底辺の比が等しい。よって，△ＢＭＰ：△ＣＢＭ
$=(x-8)：8$，$y：16=(x-8)：8$，$8y=16(x-8)$　両辺を8でわって整理すると，$y=2x-16$

〔9〕

《解答》

(1) $y=1$　(2)① $y=x$　② $y=3x-4$　③ $y=-x+14$　(3) $x=\dfrac{8}{3}，\dfrac{26}{3}$

《解説》

(1) ＨＧ＝1cm，ＱＧ＝1cmだから，$y=1\times1=1$

(2) 次のことから，重なる部分の形を調べる。

> $x=2$のとき，ＥＣはＰＱに重なる。$x=4$のとき，ＡＢはＰＱに重なる。
> $x=6$のとき，ＨＧはＳＲに重なる。$x=8$のとき，ＥＣはＳＲに重なる。

① 問題文にある図2の場合である。$y=1\times x=x$

② 右の図アの場合である。四角形ＰＱＣＤの
面積と四角形ＥＦＧＨの面積の和として求め
る。ＦＧ＝2cmだから，ＱＣ＝$x-2$(cm)
よって，$y=3\times(x-2)+1\times2=3x-6+2=$
$3x-4$

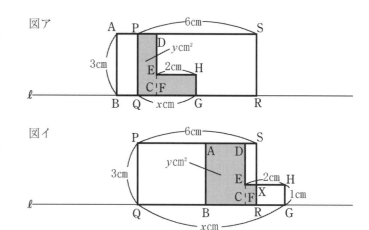

③ 右の図イの場合である。図形ＡＢＧＨＥＤ
の面積から四角形ＸＲＧＨの面積を引いて求
める。ＲＧ＝$x-6$(cm)だから，
$y=3\times2+1\times2-1\times(x-6)=6+2-x+6$
　$=-x+14$

(3) (2)③より，図形ＡＢＧＨＥＤの面積は8cm²で
あり，その$\dfrac{1}{2}$は4cm²である。また，重なった部
分の形は，問題文にある図2の場合と右の図ア
～図ウの場合で，その中で重なった部分の面積
が4cm²になるのは，図アと図ウの場合である。

図アのときは，(2)②より，$4=3x-4$を解くと，
$3x=8$，$x=\dfrac{8}{3}$

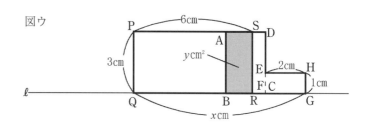

図ウの場合は，ＲＧ＝$x-6$(cm)，ＢＧ＝$2+2=4$(cm)，ＢＲ＝ＢＧ－ＲＧ＝$4-(x-6)=4-x+6=-x+10$
だから，$3\times(-x+10)=4$を解くと，$-3x+30=4$，$-3x=-26$，$x=\dfrac{26}{3}$

〔**10**〕

《解答》

(1)　①　12cm　②　45㎠　(2)　①　$y=\frac{1}{2}x+2$　②　$a=\frac{3}{4}$

《解説》

(1)①　点Aのy座標は，$y=\frac{1}{4}\times 4^2=4$　点Cのy座標は，$y=-\frac{1}{2}\times 4^2=-8$

　　　よって，AC$=4-(-8)=12$(cm)

　②　点Bのy座標は，$y=\frac{1}{4}\times(-2)^2=1$，点Dの$y$座標は，$y=-\frac{1}{2}\times(-2)^2=-2$

　　　BD$=1-(-2)=3$(cm)　四角形ABDCは台形で，高さは，2点A，Bのx座標の差より，$4-(-2)=$
　　　6(cm)　よって，面積は，（BD$+$AC）$\times 6\div 2=(3+12)\times 6\div 2=15\times 3=45$(㎠)

(2)①　点Aのy座標は，$y=\frac{1}{4}\times 4^2=4$だから，A$(4，4)$　直線ABは点C$(0，2)$を通るから，切片が2である。

　　　よって，直線の式を$y=mx+2$として，$x=4$，$y=4$を代入すると，$4=4m+2$，$4m=2$，$m=\frac{1}{2}$　したがって，
　　　$y=\frac{1}{2}x+2$

　②　AB$=$BCのとき，点Bのx座標は，点Aのx座標の半分になるから2　点Bのy座標は，①の式を
　　　利用すると，$y=\frac{1}{2}\times 2+2=3$　よって，$y=ax^2$のグラフは点B$(2，3)$を通るから，$x=2$，$y=3$を代入すると，
　　　$3=a\times 2^2$，$4a=3$，$a=\frac{3}{4}$

　　　（別解）　点Bのy座標は，2点A，Cのy座標の中間になるから，$\frac{4+2}{2}=3$と求めることもできる。

〔**11**〕

《解答》

(1)　4　(2)　$y=\frac{1}{2}x+2$　(3)　8㎠　(4)　$y=\frac{3}{2}x$

《解説》

(1)　点Cは$y=\frac{1}{4}x^2$のグラフ上にあり，x座標が4だから，y座標は，$y=\frac{1}{4}\times 4^2=4$

(2)　A$(-2，1)$，C$(4，4)$となるから，直線ACの傾きは，$\frac{4-1}{4-(-2)}=\frac{3}{6}=\frac{1}{2}$　直線の式を$y=\frac{1}{2}x+b$として，

　　$x=4$，$y=4$を代入すると，$4=2+b$，$b=2$　よって，求める直線の式は，$y=\frac{1}{2}x+2$

(3)　2点A，Bを直線で結び，△ABCと△AOBに分ける。△ABCの底辺をABとすると，高さは，2点B，

　　Cのy座標の差より，$4-1=3$(cm)　AB$=2-(-2)=4$(cm)より，△ABC$=\frac{1}{2}\times 4\times 3=6$(㎠)　また，

　　△AOB$=\frac{1}{2}\times 4\times 1=2$(㎠)　よって，四角形AOBCの面積は，$6+2=8$(㎠)

(4)　原点Oを通り，四角形AOBCの面積を2等分する直線と，直線ACとの交点をDとして，点Dのx座

　　標をtとする。△AODの面積は，四角形AOBCの面積の$\frac{1}{2}$だから，$8\times\frac{1}{2}=4$(㎠)　直線ACとy軸

　　との交点をEとすると，直線ACの切片が2だから，点Eのy座標は2　△AOE$=\frac{1}{2}\times 2\times 2=2$(㎠)　よっ

　　て，△ODE$=$△AOD$-$△AOE$=4-2=2$(㎠)　また，△ODE$=\frac{1}{2}\times$OE$\times t$(㎠)だから，$\frac{1}{2}\times 2\times t$
　　$=2$，$t=2$　点Dのy座標は，(2)の式に$x=2$を代入して，$y=\frac{1}{2}\times 2+2=3$　原点Oと点D$(2，3)$を通る直線
　　の式は，傾きが$\frac{3}{2}$だから，$y=\frac{3}{2}x$

〔**12**〕

《解答》

(1)　$0 \leqq y \leqq 9$　(2)　$y = 2x + 3$　(3)　$\dfrac{27}{8}$（cm²）　(4)　P$(2,\ 4)$

《解説》

(1)　x の変域に0が含まれるから，y の最小の値は $x = 0$ のとき $y = 0$　また，最大の値は $x = 3$ のとき，$y = 3^2$ $= 9$　よって，y の変域は $0 \leqq y \leqq 9$

(2)　A$(-1,\ 1)$，B$(3,\ 9)$だから，直線ABの傾きは $\dfrac{9-1}{3-(-1)} = \dfrac{8}{4} = 2$　直線の式を $y = 2x + b$ とおいて，$x = -1$，$y = 1$ を代入すると，$1 = -2 + b$，$b = 3$　よって，$y = 2x + 3$

(3)　△PODはPO＝PDの二等辺三角形だから，点Pから辺ODに垂線PHをひくと，OH＝DHである。よって，点Pの x 座標は $\dfrac{3}{2}$，y 座標は $\left(\dfrac{3}{2}\right)^2 = \dfrac{9}{4}$　よって，△POD $= \dfrac{1}{2} \times 3 \times \dfrac{9}{4} = \dfrac{27}{8}$（cm²）

(4)　P$(t,\ t^2)$とする。点Cの x 座標は，$0 = 2x + 3$ を解いて $x = -\dfrac{3}{2}$　△BDP $= \dfrac{1}{2} \times 9 \times (3 - t) =$ $\dfrac{9}{2}(3 - t)$　△CDP $= \dfrac{1}{2} \times \left\{3 - \left(-\dfrac{3}{2}\right)\right\} \times t^2 = \dfrac{1}{2} \times \dfrac{9}{2} \times t^2 = \dfrac{9}{4} t^2$　よって，$\dfrac{9}{2}(3 - t) = \dfrac{9}{4} t^2 \times \dfrac{1}{2}$　両辺に $\dfrac{8}{9}$ をかけて，$4(3 - t) = t^2$，$t^2 + 4t - 12 = 0$，$(t - 2)(t + 6) = 0$，$t = 2$，$t = -6$　点Pは点Aから点Bの間にあるから，$t = -6$ はあてはまらない。よって，点Pの x 座標は2，y 座標は $2^2 = 4$ だから，P$(2,\ 4)$

〔**13**〕

《解答》

(1)　1cm²　(2) ①　$y = x^2$　②　$y = x + 2$　(3)　右の図　(4)　9秒後

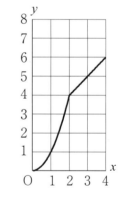

《解説》

(1)　AP＝1cm，DQ＝$2 \times 1 = 2$（cm）だから，△APQ $= \dfrac{1}{2} \times 1 \times 2 = 1$（cm²）

(2)①　$0 \leqq x \leqq 2$ のとき，点Pは辺AD上にあり，AP＝$x$cm　点Q 辺DC上にあり，DQ＝$2x$cm　△APQ $= \dfrac{1}{2} \times x \times 2x = x^2$　よって，$y = x^2$

②　$2 \leqq x \leqq 4$ のとき，点P，Qは辺DC上にある。DP＝$x - 2$（cm），DQ＝$2x$cm，PQ＝DQ－DP＝$2x$ $-(x - 2) = x + 2$（cm）　△APQ $= \dfrac{1}{2} \times PQ \times AD = \dfrac{1}{2} \times (x + 2) \times 2 = x + 2$（cm²）　よって，$y = x + 2$

(3)　(2)の式をもとにグラフをかく。$0 \leqq x \leqq 2$ では，$(0,\ 0)$，$(1,\ 1)$，$(2,\ 4)$を通る放物線で，$2 \leqq x \leqq 4$ では，$(2,\ 4)$，$(3,\ 5)$，$(4,\ 6)$を通る直線になる。

(4) $0 \leqq x \leqq 4$ のとき，△ＡＰＱの面積は6cm²以下だから，面積が36cm²になるのは，点Ｐが辺ＤＣ上，点Ｑが辺ＣＢ上にあるときと考えられる。右の図で，△ＡＰＱ＝(台形ＡＱＣＤの面積)－△ＡＰＤ－△ＰＱＣである。ＤＰ＝$x-2$(cm)，ＰＣ＝$8-(x-2)=8-x+2=10-x$(cm)，ＣＱ＝$2x-8$(cm)　台形ＡＱＣＤの面積は，$(2+2x-8)\times8\div2=(2x-6)\times4=8x-24$(cm²)　△ＡＰＤ＝$\frac{1}{2}\times(x-2)\times2=x-2$(cm²)　△ＰＱＣ＝$\frac{1}{2}\times(2x-8)\times(10-x)=(x-4)(10-x)=10x-x^2-40+4x=-x^2+14x-40$(cm²)　よって，△ＡＰＱ＝$8x-24-(x-2)-(-x^2+14x-40)=8x-24-x+2+x^2-14x+40=x^2-7x+18$(cm²)　したがって，$x^2-7x+18=36$を解くと，$x^2-7x-18=0$，$(x+2)(x-9)=0$，$x=-2$，$9$　このとき，$4\leqq x\leqq10$だから，$x=9$(秒後)

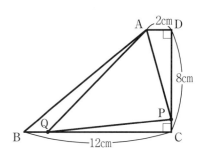

〔14〕

《解答》

(1)　$t=\dfrac{9}{2}$　　(2)　$s=\dfrac{21}{2}$　　(3)　$x=4$，$\dfrac{19}{2}$　　(4)　10秒後

《解説》

(1)　ＡＰ＝ＡＱ＝3cmだから，△ＡＰＱ＝$\frac{1}{2}\times3\times3=\frac{9}{2}$(cm²)　よって，$t=\dfrac{9}{2}$

(2)　2点Ｐ，Ｑは頂点Ａを出発してからs秒後に重なることになる。これは，2点Ｐ，Ｑが移動した長さが長方形ＡＢＣＤの周の長さに等しくなるときである。s秒後に重なるとすると，点Ｐが移動した時間はs秒間，点Ｑが移動した時間は，頂点Ｄで3秒間停止するから，$s-3$(秒間)　2点Ｐ，Ｑの移動する速さは毎秒1cmだから，点Ｐが移動した長さは，$1\times s=s$(cm)　点Ｑが移動した長さは，$1\times(s-3)=s-3$(cm)　また，長方形ＡＢＣＤの周の長さは，$(3+6)\times2=18$(cm)　よって，$s+s-3=18$，$2s=21$，$s=\dfrac{21}{2}$

(3)　(1)より$t=\dfrac{9}{2}=4.5$，(2)より$s=\dfrac{21}{2}$だから，$y=6$となるのは，$3<x<6$のときと$9<x<\dfrac{21}{2}$のときである。$3<x<6$のときのグラフの式を求める。傾きが，$\left(9-\dfrac{9}{2}\right)\div(6-3)=\dfrac{9}{2}\div3=\dfrac{3}{2}$だから，$y=\dfrac{3}{2}x+b$として，$x=6$，$y=9$を代入すると，$9=\dfrac{3}{2}\times6+b$，$b=9-9=0$　よって，$y=\dfrac{3}{2}x$　これに$y=6$を代入すると，$6=\dfrac{3}{2}x$，$x=4$　次に，$9<x<\dfrac{21}{2}$のときのグラフの式を求める。傾きは，$(0-9)\div\left(\dfrac{21}{2}-9\right)=-9\div\dfrac{3}{2}=-9\times\dfrac{2}{3}=-6$　$y=-6x+c$として，$x=9$，$y=9$を代入すると，$9=-54+c$，$c=63$　よって，$y=-6x+63$　これに$y=6$を代入すると，$6=-6x+63$，$6x=57$，$x=\dfrac{19}{2}$

(4)　点Ｐが頂点Ｃを出発するのは9秒後で，点Ｑが頂点Ｄを出発するのも9秒後だから，2点Ｐ，Ｑはそれぞれ頂点Ｃ，Ｄを同時に出発することになる。また，△ＡＰＱ＝△ＡＱＤとなるのは，ＰＱ＝ＤＱのときである。2点Ｐ，Ｑがそれぞれ頂点Ｃ，Ｄを出発してからm秒後とすると，ＣＰ＝ＤＱ＝$m$cm，ＰＱ＝ＤＣ－ＣＰ－ＤＱ＝$3-m-m=3-2m$(cm)　よって，$m=3-2m$，$3m=3$，$m=1$　したがって，頂点Ａを出発してから，$9+1=10$(秒後)

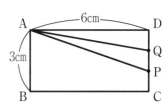

〔15〕

《解答》

(1)（$y=$）1　(2)（$y=$）$\dfrac{1}{4}x^2$　(3)　右の図

(4)（$x=$）4，10

図

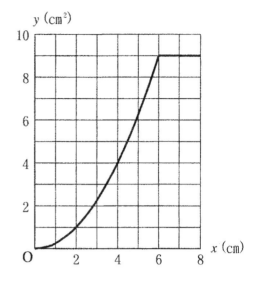

《解説》

(1)　$x=2$のとき，辺ＡＣと辺ＤＥは交わり，その交点をＧとする。△ＡＢＣ∽△ＧＥＣになるから，ＥＣ：
ＧＣ＝ＢＣ：ＡＣ＝6：3＝2：1である。ＥＣ＝2(cm)だから，2：ＧＣ＝2：1，2ＧＣ＝2，ＧＣ＝1(cm)

よって，$y=$△ＧＥＣ$=\dfrac{1}{2}\times2\times1=1$

(2)　右図のように，辺ＡＣと辺ＤＥとの交点をＧとする。ＥＣ＝$x$cm

のとき，x：ＧＣ＝2：1，2ＧＣ＝x，ＧＣ＝$\dfrac{1}{2}x$(cm)　よって，

$y=\dfrac{1}{2}\times x\times\dfrac{1}{2}x=\dfrac{1}{4}x^2$（$0\leqq x\leqq6$）

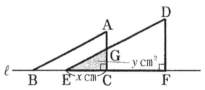

(3)　$0\leqq x\leqq6$のときは，(2)より$y=\dfrac{1}{4}x^2$　$x=6$のとき，頂点Ｂは頂点Ｅに重なり，$x=8$のとき，頂点Ｃは頂

点Ｆに重なる。$6\leqq x\leqq8$のときは，△ＡＢＣは△ＤＥＦの内部にあるから，yの値は△ＡＢＣの面積に等し

く，一定になる。よって，△ＡＢＣ$=\dfrac{1}{2}\times6\times3=9$(cm²)だから，$y=9$　したがって，$0\leqq x\leqq6$では$y=$

$\dfrac{1}{4}x^2$のグラフ，$6\leqq x\leqq8$では$y=9$のグラフになる。

(4)　(2)の$y=\dfrac{1}{4}x^2$に$y=4$を代入すると，$4=\dfrac{1}{4}x^2$，$x^2=16$

$0\leqq x\leqq6$より，$x=4$　また，右の図のように，辺ＡＣが

辺ＤＦの右側にあるとき，辺ＡＢと辺ＤＦとの交点をＧとす

ると，ＢＦ＝ＢＣ－ＦＣ＝6－（$x-8$）＝$14-x$(cm)だから，

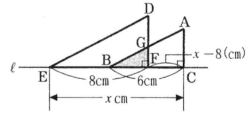

ＧＦ$=\dfrac{1}{2}(14-x)$(cm)　$y=$△ＧＢＦ$=\dfrac{1}{2}\times(14-x)\times\dfrac{1}{2}(14-x)=\dfrac{1}{4}(14-x)^2$　よって，

$4=\dfrac{1}{4}(14-x)^2$，$(14-x)^2=16$，$14-x=\pm4$，$14-x=4$のとき，$x=10$，$14-x=-4$のとき，$x=18$

ただし，頂点Ｂが頂点Ｆに重なるとき，$x=8+6=14$だから，xの変域は$0\leqq x\leqq14$であり，$x=18$はあて

はまらない。

〔1〕

《解答》

(1)（証明）（正答例）

平行四辺形の向かい合う角は等しいから，

∠ＡＤＣ＝∠ＡＢＣ…①

仮定より，ＣＥ＝ＣＢ…②

②より，△ＣＢＥは二等辺三角形であるから，

∠ＡＢＣ＝∠ＣＥＢ…③

平行四辺形の向かい合う辺は平行。よって，ＡＢ／／ＤＣで錯角は等しくなるから，

∠ＤＣＥ＝∠ＣＥＢ…④

③，④より，∠ＡＢＣ＝∠ＤＣＥ…⑤

①，⑤より，

∠ＡＤＣ＝∠ＤＣＥ

(2)　3（倍）

《解説》

(1)　ＣＢ＝ＣＥより，∠ＣＢＥ＝∠ＣＥＢ　ＡＢ／／ＤＣより，∠ＤＣＥ＝∠ＣＥＢを導けるかどうかがポイント。

(2)　△ＥＢＣ＝Sとする。ＡＥ＝ＢＥより，△ＡＢＣ＝2△ＥＢＣ＝2S　また，平行四辺形ＡＢＣＤ＝2△ＡＢＣ＝2×2S＝4S　よって，四角形ＡＥＣＤ＝4S－S＝3S　3S÷S＝3（倍）

〔2〕

《解答》（証明）（正答例）

△ＢＣＦと△ＣＥＤにおいて，どちらも同じ円の半径なので，

ＢＣ＝ＣＥ…①

長方形の4つの角がすべて等しいことと，仮定より

∠ＢＦＣ＝∠ＣＤＥ＝90°…②

長方形の性質よりＡＤ／／ＢＣで，錯角は等しいので，

∠ＢＣＦ＝∠ＣＥＤ…③

①，②，③より，直角三角形の斜辺と1つの鋭角がそれぞれ等しいから，

△ＢＣＦ≡△ＣＥＤ

《解説》

直角三角形の合同条件を使って，△ＢＣＦ≡△ＣＥＤを証明する。

〔**3**〕

《解答》

(1)（証明）（正答例）

　　△ＡＥＤと△ＤＧＣにおいて，四角形ＡＢＣＤは正方形だから，

　　ＡＤ＝ＤＣ…①

　　∠ＥＡＤ＝∠ＧＤＣ＝90°…②

　　また，∠ＡＤＣ＝90°だから，

　　∠ＡＤＥ＝90°－∠ＣＤＦ…③

　　△ＣＤＦにおいて，∠ＤＣＧ＝180°－∠ＣＦＤ－∠ＣＤＦで，仮定より，∠ＣＦＤ＝90°だから，

　　∠ＤＣＧ＝90°－∠ＣＤＦ…④

　　③，④より，∠ＡＤＥ＝∠ＤＣＧ…⑤

　　①，②，⑤より，1辺とその両端の角がそれぞれ等しいから，

　　△ＡＥＤ≡△ＤＧＣ

(2) $\dfrac{64}{9}$ (cm)

《解説》

(1) ∠ＡＤＥ＝∠ＤＣＧは次のように導いてもよい。△ＡＤＥにおいて，∠ＡＤＥ＝90°－∠ＡＥＤ　△ＣＤＦにおいて，∠ＤＣＧ＝90°－∠ＣＤＦ　ＡＢ//ＤＣより，∠ＡＥＤ＝∠ＣＤＦよって，∠ＡＤＥ＝∠ＤＣＧ

(2) △ＤＥＣ＝8×8×$\dfrac{1}{2}$＝32(cm²)　(1)の△ＡＥＤ≡△ＤＧＣより，ＣＧ＝ＤＥ＝9cm　ここで△ＤＥＣの面

積に注目して式を作ると，9×ＣＦ×$\dfrac{1}{2}$＝32　ＣＦ×$\dfrac{9}{2}$＝32　ＣＦ＝32×$\dfrac{2}{9}$＝$\dfrac{64}{9}$(cm)

〔4〕

《解答》

(1)（証明）（正答例）

　　△ＡＤＥと△ＣＧＦにおいて，

　　仮定より，ＡＥ＝ＣＦ…①

　　ＡＢ／／ＣＧより，錯角が等しいから，

　　∠ＤＡＥ＝∠ＧＣＦ…②

　　ＤＥ／／ＢＦより，同位角が等しいから，

　　∠ＡＥＤ＝∠ＡＦＢ…③

　　また，対頂角は等しいから，

　　∠ＣＦＧ＝∠ＡＦＢ…④

　　③，④より，∠ＡＥＤ＝∠ＣＦＧ…⑤

　　①，②，⑤より，1辺とその両端の角がそれぞれ等しいから，△ＡＤＥ≡△ＣＧＦ

(2)　20（cm²）

《解説》

(1)　∠ＤＡＥ＝∠ＧＣＦまたは∠ＡＥＤ＝∠ＡＦＢを導く場合，2直線が平行なので，錯角・同位角が等しくなるという表し方で書くようにしよう。

(2)

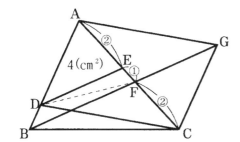

　　ＡＥ＝2ＥＦより，ＥＦ＝$\frac{1}{2}$ＡＥだから，△ＤＦＥ＝2（cm²）　また，ＣＦ＝ＡＥで高さが等しいから，

　　△ＤＣＦ＝4（cm²）　よって，△ＡＤＣ＝4＋2＋4＝10（cm²）　ここで，ＡＤ／／ＣＧ，ＡＤ＝ＣＧで，向かい

　　合う1組の辺が平行で等しいから，四角形ＡＤＣＧは平行四辺形である。よって，四角形ＡＤＣＧ＝10×2

　　＝20（cm²）

〔5〕

《解答》

(1)　∠ＤＡＰ＝22（度）

(2)（証明）（正答例）

　　△ＤＰＡと△ＤＰＣにおいて，

　　ＤＰ＝ＤＰ（共通）…①

　　ＤＡ＝ＤＣ（正方形の1辺）…②

　　∠ＡＤＢ＝∠ＣＤＢ＝45°（正方形の性質より）…③

　　③よりその外角は等しいので，∠ＡＤＰ＝∠ＣＤＰ…④

　　①，②，④より，2辺とその間の角がそれぞれ等しいので，△ＤＰＡ≡△ＤＰＣ

　　よって，∠ＤＡＰ＝∠ＤＣＰ…⑤

　　(1)より，∠ＤＡＰ＝∠ＤＣＧ＝22°…⑥

　　⑤，⑥より，∠ＤＣＧ＝∠ＤＣＰ

《解説》

(1)　△ＡＧＨと△ＣＧＤで，∠ＡＧＨ＝∠ＣＧＤ（対頂角）…①　　∠ＧＨＡ＝∠ＧＤＣ＝90°（仮定より）…②

　　①，②より，三角形の内角のうち，2角が等しいので，∠ＧＡＨ＝∠ＧＣＤ＝22°　よって，22°

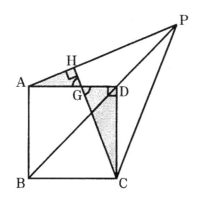

(2)　解答参照

〔**6**〕

《解答》（証明）（正答例）

（証明）△ＡＢＦと△ＡＣＤにおいて，

　　　△ＡＢＣは正三角形だから，

　　　ＡＢ＝ＡＣ　…①

　　　∠ＢＡＦ＝∠ＡＣＢ＝60°　…②

　　　ＡＤ／／ＢＣより，錯角が等しいから，

　　　∠ＣＡＤ＝∠ＡＣＢ＝60°　…③

　　　②，③より，∠ＢＡＦ＝∠ＣＡＤ　…④

　　　$\overset{\frown}{\text{AE}}$に対する円周角は等しいから，

　　　∠ＡＢＦ＝∠ＡＣＤ　…⑤

　　　①，④，⑤より，1組の辺とその両端の角がそれぞれ等しいから，

　　　△ＡＢＦ≡△ＡＣＤ

《解説》

　　同じ弧に対する円周角は等しいことを利用する。

〔**7**〕

《解答》

(1)（証明）（正答例）　△ＡＢＤと△ＣＡＥにおいて，

　仮定より，　　　　　ＡＢ＝ＣＡ　　　…①

　　　　　　　　∠ＡＤＢ＝∠ＣＥＡ＝90°　…②

　△ＡＢＤにおいて，∠ＡＢＤ＝180°－90°－∠ＢＡＤ

　　　　　　　　　　　　　　　　＝90°－∠ＢＡＤ　　　…③

　∠ＢＡＣ＝90°だから，∠ＣＡＥ＝180°－90°－∠ＢＡＤ

　　　　　　　　　　　　　　　　＝90°－∠ＢＡＤ　　　…④

　③，④より，∠ＡＢＤ＝∠ＣＡＥ　　　…⑤

　①，②，⑤より，直角三角形の斜辺と1つの鋭角がそれぞれ等しいから，

　　　　　　　△ＡＢＤ≡△ＣＡＥ

(2)（∠ＥＣＧ＝）135（度）　　(3)①　98（cm²）　②　24π（cm²）

《解説》

(1)　∠ＡＤＢ＝∠ＣＥＡ＝90°（2つの三角形は直角三角形）で，ＡＢ＝ＣＡ（斜辺が等しい）だから，直角三角形の合同条件を満たすかどうかを考える。また，次の角が等しくなることを利用してもよい。

　　∠ＢＡＣ＝90°だから，∠ＢＡＤ＝180°－90°－∠ＣＡＥ＝90°－∠ＣＡＥ

　　△ＡＣＥにおいて，∠ＡＣＥ＝180°－90°－∠ＣＡＥ＝90°－∠ＣＡＥ

　　よって，∠ＢＡＤ＝∠ＡＣＥ

(2)　∠ＦＣＧ＝∠ＡＣＥより，∠ＥＣＧ＝∠ＥＣＦ＋∠ＦＣＧ＝∠ＥＣＦ＋∠ＡＣＥ＝∠ＡＣＦ＝

　180°－∠ＡＣＢ＝180°－45°＝135°

(3)①　△ＡＢＤ≡△ＣＡＥより，ＡＤ＝ＣＥ＝6cm，ＢＤ＝ＡＥ＝8cm，ＤＥ＝6＋8＝14（cm）

　　　四角形ＢＣＥＤは台形だから，面積は，（8＋6）×14÷2＝98（cm²）

　②　おうぎ形ＡＣＦの面積をS，おうぎ形ＥＣＧの面積をT，△ＡＣＥの面積をU，△ＦＣＧの面積をVとすると，斜線部分の面積は，$S＋V－T－U$である。ここで，$U＝V$だから，$S＋V－T－U＝S－T$である。

　　　∠ＡＣＦ＝∠ＥＣＧ＝135°だから，$S－T＝\pi\times10^2\times\dfrac{135}{360}－\pi\times6^2\times\dfrac{135}{360}＝\dfrac{75}{2}\pi－\dfrac{27}{2}\pi＝\dfrac{48}{2}\pi＝24\pi$（cm²）

〔**8**〕

《解答》

(1)（証明）（正答例）

　　△ＡＢＥと△ＣＢＤにおいて，

　　仮定より，ＣＤ＝ＣＥなので，△ＣＤＥは二等辺三角形

　　よって，二等辺三角形の底角は等しいので，∠ＣＥＤ＝∠ＣＤＥ…①

　　また，対頂角は等しいので，∠ＣＥＤ＝∠ＡＥＢ…②

　　①，②より，∠ＡＥＢ＝∠ＣＤＢ…③

　　仮定より，∠ＡＢＥ＝∠ＣＢＤ…④

　　③，④より，2組の角がそれぞれ等しいので，△ＡＢＥ∽△ＣＢＤ

(2)　2（cm）

《解説》

(1)　解答参照

(2)　$4:6=x:(5-x)$　$6x=4(5-x)$　$6x=20-4x$　$10x=20$　$x=2$　よって，ＡＥ＝2cm

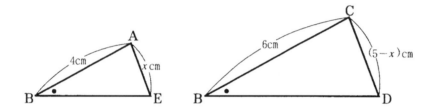

〔**9**〕

《解答》

(1)（証明）（正答例）

　　△ＡＢＰと△ＰＣＱにおいて

　　△ＡＢＣは正三角形なので，∠ＡＢＰ＝∠ＰＣＱ＝60°…①

　　また，仮定より，∠ＡＰＱ＝60°…②

　　②より，∠ＡＰＢ＝180°−∠ＡＰＱ−∠ＱＰＣ＝120°−∠ＱＰＣ…③

　　三角形の内角の和は180°なので①より，∠ＰＱＣ＝180°−∠ＰＣＱ−∠ＱＰＣ＝120°−∠ＱＰＣ…④

　　③，④より，∠ＡＰＢ＝∠ＰＱＣ…⑤

　　①，⑤より，2組の角がそれぞれ等しいので，△ＡＢＰ∽△ＰＣＱ

(2)　25：9

《解説》

(1)　解答参照

(2)　△ＡＢＰと△ＰＣＱの相似比はＡＢ：ＰＣ＝20：12＝5：3　よって，面積比は$5^2:3^2=25:9$

〔**10**〕

《解答》

(1)（証明）（正答例）

　　△ＧＡＦと△ＧＨＣにおいて，

　　△ＡＤＥ∽△ＨＣＥなので，仮定より，ＤＥ：ＥＣ＝2：1

　　よって，$CH=\dfrac{1}{2}AD$…①

　　また，仮定より，ＦがＡＤの中点なので，

　　$AF=\dfrac{1}{2}AD$…②

　　①，②より，ＡＦ＝ＨＣ…③

　　また，仮定より，ＡＤ／／ＢＨなので，

　　錯角は等しいから，∠ＧＦＡ＝∠ＧＣＨ…④

　　同様に，∠ＧＡＦ＝∠ＧＨＣ…⑤

　　③，④，⑤より，1辺とその両端の角がそれぞれ等しいので，△ＧＡＦ≡△ＧＨＣ

(2)　1（cm²）

《解説》

(1)　解答参照

(2)　ＧからＤＦと平行な線を引き，ＤＣとの交点をＩとする。Ｇは(1)からＣＦの中点である。よって，ＧＩ

　　＝1（cm）（中点連結定理より）　また，$CE=\dfrac{1}{3}CD$（仮定より）　ＣＤ＝6（cm）なので，$CE=\dfrac{1}{3}\times 6=$

　　2（cm）　よって，$\triangle GCE=2\times 1\times \dfrac{1}{2}=1$（cm²）

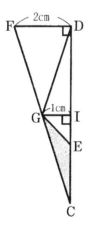

〔11〕

《解答》

(証明)　△DEFと△CEDにおいて，

　　　　OD＝OBより，△ODBは二等辺三角形だから，

　　　　　　　　　　∠ODB＝∠OBD…①

　　　　$\overset{\frown}{AD}$に対する円周角は等しいから，

　　　　　　　　　　∠ACD＝∠ABD…②

　　　　①，②より，　　∠EDF＝∠ECD…③

　　　　共通な角だから，∠DEF＝∠CED…④

　　　　③，④より，2組の角がそれぞれ等しいから，

　　　　　　　　　　△DEF∽△CED

《解説》

　　　　△ODBはOD＝OBの二等辺三角形で，2つの底角が等しくなるから，∠ODB＝∠OBDとなる。

〔12〕

《解答》

(1)　31(度)

(2)(証明)(正答例)

　　△ACFと△BEFで

　　$\overset{\frown}{CE}$に対する円周角なので，∠CAF＝∠EBF…①

　　共通角なので，∠AFC＝∠BFE…②

　　①，②より，2組の角がそれぞれ等しいので，△ACF∽△BEF

(3)　$\dfrac{5}{7}a$ (cm)

《解説》

(1)　△ABCで，AB＝AC，∠BAC＝56°から，∠ABC＝(180°－56°)÷2＝62°，仮定から

　　∠CBE＝62°÷2＝31°　円周角は等しいから，∠CAE＝∠CBE＝31°　△ACFで外角∠ACB＝∠C

　　AF＋∠x，∠x＝62°－31°＝31°

(2)　対応する頂点，辺を正しくとらえることがポイントである。略図を書いて考えると良い。

(3)　(1)から，△ACFは∠CAF＝∠CFAで二等辺三角形。よって，CA＝CFであり，AB＝ACから，

　　CF＝ABである。すなわち，(2)よりAF：BF＝CF：EF＝AB：EFから，10：14＝AB：a，A

　　B＝$\dfrac{5}{7}a$

〔**13**〕

《解答》

(1)（証明）（正答例）

　　△ＡＥＣと△ＰＦＣにおいて，対頂角は等しいから，

　　∠ＡＣＥ＝∠ＰＣＦ…①

　　△ＯＡＢは直角二等辺三角形だから，

　　∠ＯＡＢ＝45°…②

　　∠ＡＯＢ＝90°…③

　　また，1つの弧に対する円周角は中心角の半分だから，③より，

　　∠ＣＰＤ＝90°÷2＝45°…④

　　②，④より，∠ＣＡＥ＝∠ＣＰＦ…⑤

　　①，⑤より，2組の角がそれぞれ等しいから，△ＡＥＣ∽△ＰＦＣ

(2)　$4\sqrt{3}$（cm²）

《解説》

(1)　∠ＣＯＤ＝90°，∠ＣＰＤ＝90°÷2＝45°に気づくかどうかがポイント。

(2)　直線ＡＰが円Ｏの接線のとき，∠ＡＰＯ＝90°である。ＯＰ＝4cm，ＯＡ＝8cmより，ＡＰ＝$\sqrt{8^2-4^2}$＝

　　$\sqrt{64-16}$＝$\sqrt{48}$＝$\sqrt{16\times3}$＝$4\sqrt{3}$（cm）　よって，△ＡＯＰ＝$\frac{1}{2}\times4\sqrt{3}\times4$＝$8\sqrt{3}$（cm²）　また，ＯＣ＝4cmより，

　　点Ｃは辺ＡＯの中点だから，△ＡＣＰ＝△ＡＯＰ÷2＝$8\sqrt{3}$÷2＝$4\sqrt{3}$（cm²）

〔1〕

《解答》

(1)　点P，R　(2)　450(度)　(3)　$\frac{33}{2}$(cm²)　(4)　6(cm³)

《解説》

(1)　図1の△A<u>B</u>C，△A<u>B</u>Dが，図2では△Q<u>R</u>C，△Q<u>P</u>Dにあたる。

(2)　六角形PDBCRQの内角の和は，$180° \times (6-2) = 180° \times 4 = 720°$　また，$\angle P = \angle B = \angle R = 90°$だから，

　　$\angle PDB + \angle BCR + \angle PQR = 720° - 90° \times 3 = 720° - 270° = 450°$

(3)　側面積は3つの三角形△PDQ，△DBC，△RCQの面積の和になる。PD＝BD＝3cm，RC＝BC

　　＝3cm，QR＝QP＝4cmだから，求める側面積は，$\frac{1}{2} \times 3 \times 4 + \frac{1}{2} \times 3 \times 3 + \frac{1}{2} \times 3 \times 4 = 6 + \frac{9}{2} + 6 = 12 + \frac{9}{2}$

　　$= \frac{24}{2} + \frac{9}{2} = \frac{33}{2}$(cm²)

(4)　底面の△DBCの面積は，(3)より$\frac{9}{2}$cm²　高さABは図2のQPに等しいから4cm　よって，三角すいA－

　　BCDの体積は，$\frac{1}{3} \times \frac{9}{2} \times 4 = 6$(cm³)

〔2〕

《解答》

(1)　3π(cm)　(2)　60(度)　(3)　108π(cm²)　(4)　144(cm³)

《解説》

(1)　四角形ABCDは正方形で，AC⊥BDだから，$\angle AOD = 90°$　よって，$\overset{\frown}{AD} = 2\pi \times 6 \times \frac{90}{360} = 3\pi$(cm)

(2)　AO＝BO＝POであり，3つの三角形AOB，AOP，BOPは合同な直角二等辺三角形である。よっ

　　て，AB＝AP＝BPだから，△ABPは正三角形である。したがって，$\angle APB = 60°$

(3)　半球の曲面の部分の面積は，$4\pi \times 6^2 \div 2 = 72\pi$(cm²)　底面の円Oの面積は，$\pi \times 6^2 = 36\pi$(cm²)　よって，

　　半球の表面積は，$72\pi + 36\pi = 108\pi$(cm²)

(4)　$\triangle AOD = \frac{1}{2} \times 6 \times 6 = 18$(cm²)だから，四角形ABCDの面積は，$18 \times 4 = 72$(cm²)

　　また，PO＝6cmだから，立体(四角すい)P－ABCDの体積は，$\frac{1}{3} \times 72 \times 6 = 144$(cm³)

〔3〕

《解答》

(1)　$\frac{64}{3}$(cm³)　(2)　24(cm²)　(3)　$\frac{8}{3}$(cm)

《解説》

(1)　$(4 \times 4 \times \frac{1}{2}) \times 8 \times \frac{1}{3} = \frac{64}{3}$(cm³)

(2)　正方形の面積は64cm²で，△ABC＝8cm²　△OAB＝△OAC＝

　　16cm²　△OBC＝64－(8＋16＋16)＝24(cm²)

(3) (1)より三角すいO－ABC＝$\dfrac{64}{3}$（cm³）　(2)より△OBC＝24（cm²）　このとき線分AHは三角すいO－

ABCにおいて，底面を△OBCとしたときの高さになるので，$24×AH×\dfrac{1}{3}=\dfrac{64}{3}$　$8AH=\dfrac{64}{3}$

$AH=\dfrac{64}{3}×\dfrac{1}{8}=\dfrac{8}{3}$（cm）

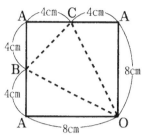

〔**4**〕

《解答》

(1)　ア，エ　(2)　$60（\leqq x \leqq）90$　(3)　6（cm）

《解説》

(1)　面AEHDとAPは垂直だから，点Aを通る面AEHD上の線分AQは，APと垂直である。また，
　　△AEDは（直角）二等辺三角形だから，AQとDEは垂直に交わる。

(2)　点Pが頂点Aにあるとき，∠DPE＝∠DAE＝90°　頂点Bにあるとき，∠DPE＝∠DBE　また，
　　立方体の各面は合同な正方形で，対角線の長さが等しいから，△DBEは正三角形である。よって，
　　∠DPE＝∠DBE＝60°　これより，$60\leqq x \leqq90$

(3)　AP＝$x$cmとする。△APQの底辺をAPとすると高さはAQになる。$AQ=\dfrac{1}{2}AH=\dfrac{1}{2}DE=\dfrac{1}{2}×$
　　$10=5$（cm）　よって，$\dfrac{1}{2}×x×5=15$より，$x=6$

〔**5**〕

《解答》

(1)　32π（cm²）　(2)　72π（cm³）　(3)　4（cm）

《解説》

(1)　底面積は，半径が4÷2＝2（cm）だから，$π×2^2=4π$（cm²）　また，側面積は，側面を展開すると長方形に
　　なることから求める。たての長さは6cm，横の長さは底面の円の周の長さに等しくなるから，4πcm　よっ
　　て，側面積は，$6×4π=24π$（cm²）　したがって，表面積は，$4π×2+24π=8π+24π=32π$（cm²）

(2)　（水の体積）＋（円柱Aの体積）＝（底面の直径が8cmで，高さが6cmの円柱の体積）である。よって，水の体
　　積は，$π×4^2×6－π×2^2×6=96π－24π=72π$（cm³）

(3)　（水の体積）＋（円柱Aの水の中に入っている部分の体積）＝（底面の直径が8cmで，高さが7cmの円柱の体積）
　　である。よって，$π×4^2×6+π×2^2×x=π×4^2×7$，$96π+4πx=112π$，$4πx=16π$，$x=4$（cm）

〔**6**〕

《解答》

(1)　36（cm²）　　(2)　3（cm³）　　(3)　5（cm）

《解説》

(1)　側面を展開すると，縦がＡＤ，横がＡＢ＋ＢＣ＋ＣＡの長方形になる。よって，その面積は，$3×(5+4+3)$
$=36$（cm²）

(2)　△ＥＦＧの面積は，△ＤＥＦの面積の半分だから，　$\frac{1}{2}×3×4÷2=3$（cm²）　よって，三角すいＣ－ＥＦＧ
の体積は，$\frac{1}{3}×3×3=3$（cm³）

(3)　ＣＰ，ＰＨを展開図（一部）に示すと右の図のようになる。△ＣＦＨ
と問題の図の△ＡＣＢにおいて，ＣＦ＝ＡＣ＝3cm，ＦＨ＝ＣＢ＝4cm，
∠Ｆ＝∠Ｃ＝90°である。2組の辺とその間の角がそれぞれ等しいから，
△ＣＦＨ≡△ＡＣＢ　よって，ＣＰ＋ＰＨ＝ＣＨ＝ＡＢ＝5cm

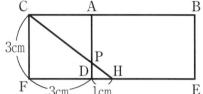

〔**7**〕

《解答》

(1)　4（cm²）　　(2)　32（cm³）　　(3)　$\frac{20}{3}$（秒後）

《解説》

(1)　ＡＰ＝$2×2=4$（cm），ＡＱ＝$1×2=2$（cm）だから，　$\frac{1}{2}×4×2=4$（cm²）

(2)　点Ｑが頂点Ｃと一致するのは6秒後。このとき，点Ｐの動く距離は，$2×6=12$（cm）だから，　ＢＰ＝$12-8$
$=4$（cm）　よって，三角すいの底面を△ＡＢＣとすると，体積は，$\frac{1}{3}×(\frac{1}{2}×6×8)×4=32$（cm³）

(3)　出発してからx秒後とすると，ＰＥ＝$(8+8)-2x=$
$16-2x$（cm），ＱＦ＝$(6+8)-x=14-x$（cm）　よって，
台形ＰＥＦＱ＝$\frac{1}{2}×\{(16-2x)+(14-x)\}×10=50$が
成り立つ。整理すると，$5(30-3x)=50$，$150-15x=$
50，$-15x=50-150$，$-15x=-100$，$x=\frac{100}{15}=$
$\frac{20}{3}$（秒後）

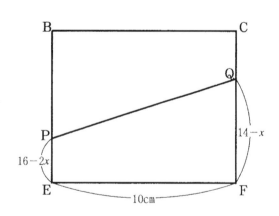

〔8〕

《解答》

(1)(証明)(正答例)

△ＡＢＣと△ＡＥＦにおいて，

Ｅ，ＦはそれぞれＡＢ，ＡＣの中点だから，中点連結定理よりＥＦ//ＢＣ…①

①より同位角は等しいので

∠ＡＥＦ＝∠ＡＢＣ…②

∠ＡＦＥ＝∠ＡＣＢ…③

②，③より，2組の角がそれぞれ等しいので，△ＡＢＣ∽△ＡＥＦ

(2) 2(cm)　(3) 1:3　(4) 12(cm³)

《解説》

(1) 中点連結定理により，ＥＦ//ＢＣであることを利用する。

(2) 点Ｅ，Ｇはそれぞれ辺ＡＢ，ＤＢの中点だから，中点連結定理より，$EG=\dfrac{1}{2}AD=\dfrac{1}{2}\times4=2$(cm)

(3) △ＦＣＨ∽△ＡＣＤで，相似な図形の面積比は，相似比の2乗に等しいから，ＦＣ:ＡＣ＝1:2より，△ＦＣＨ:△ＡＣＤ＝$1^2:2^2$＝1:4　そして，四角形ＡＦＨＤ＝△ＡＣＤ－△ＦＣＨなので，△ＦＣＨ:四角形ＡＦＨＤ＝1:3

(4) ＡＤの中点をＰとすると，ＰＤ＝ＥＧ＝ＦＨ＝4÷2＝2(cm)，ＡＰ＝2cm　また，ＰＥ＝ＰＦ＝ＤＧ＝ＤＨ＝3cmである。よって，（立体ＡＥＦ－ＤＧＨ）＝（三角すいＡ－ＰＥＦ）＋（三角柱ＰＥＦ－ＤＧＨ）＝$\dfrac{1}{2}\times3\times3\times2\times\dfrac{1}{3}+\dfrac{1}{2}\times3\times3\times2$＝3＋9＝12(cm³)

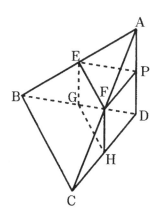

〔**9**〕

《解答》

(1) 2（cm）   (2) 18（cm²）   (3) 4（cm³）   (4) 32（cm³）

《解説》

(1) △BCDにおいて，IJ//DC，BI：ID＝1：2より，IJ：DC＝BI：BD＝1：（1＋2）＝1：3である。

よって，IJ：6＝1：3，3IJ＝6，IJ＝2（cm）

(2) △BCDにおいて，IL：BC＝DI：DB＝2：3，IL：6＝2：3，3IL＝6×2，IL＝4（cm） また，

四角形IJCLは，向かい合う2組の辺が平行で，∠JCL＝90°だから，長方形になる。よって，JC＝

IL＝4cm △BGCにおいて，JK：CG＝BJ：BC＝BI：BD＝1：3より，JK：9＝1：3，

3JK＝9，JK＝3（cm） △DCGにおいて，LN：CG＝DL：DC＝DI：DB＝2：3より，LN：9

＝2：3，3LN＝9×2，LN＝6（cm） 四角形CMNLは長方形だ

から，CM＝LN＝6cm したがって，四角形JKMCは台形だ

から，その面積は，（3＋6）×4÷2＝18（cm²）

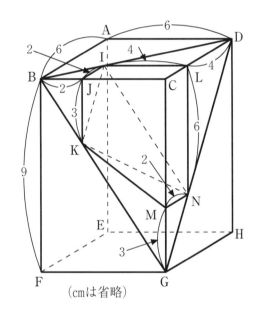

（cmは省略）

(3) (1)，(2)と同様にして，それぞれの線分の長さを求めると，右の

図のようになる。三角すいGKMNの底面を△MGNとすると，

高さはJCの長さに等しくなる。よって，体積は，

$\frac{1}{3} \times \frac{1}{2} \times 3 \times 2 \times 4 = 4$（cm³）

(4) 立体IJK－LCMNの体積は，三角すいB－DCGの体積か

ら，3つの三角すいB－IJK，K－GMN，I－DLNの体積

をひいて求めることができる。よって，

$\frac{1}{3} \times \frac{1}{2} \times 6 \times 9 \times 6 - \frac{1}{3} \times \frac{1}{2} \times 2 \times 3 \times 2 - 4 - \frac{1}{3} \times \frac{1}{2} \times 4 \times 6 \times 4$

$= 54 - 2 - 4 - 16 = 32$（cm³）

〔10〕

《解答》

(1)　24√2（cm²）　(2)　6（cm³）　(3)　$\dfrac{12\sqrt{17}}{17}$（cm）

《解説》

(1)　ＥＤ：ＥＦ：ＤＦ＝1：1：√2だから　ＤＦ＝6√2（cm）　四角形ＡＤＦＣ＝4×6√2＝24√2（cm²）

(2)　図1の水の体積は，$\dfrac{1}{2}$×6×6×3＝54（cm³）　図2の水の体積は，面ＢＥＦＣを底面，ＤＥを高さとする四

角すいとして求めると，4×6×6×$\dfrac{1}{3}$＝48（cm³）　よってこぼれた水の体積は54－48＝6（cm³）

(3)　求める距離をhとすると，入っている水の体積を①△ＤＥＦ×ＢＥ×$\dfrac{1}{3}$，②△ＢＦＤ×h×$\dfrac{1}{3}$の2通り

で表すことができる。〔①のとき〕$\dfrac{1}{2}$×6×6×4×$\dfrac{1}{3}$＝24（cm³）　〔②のとき〕ＢＤ＝ＢＦ＝$\sqrt{4^2+6^2}$＝$\sqrt{52}$

＝2√13（cm）

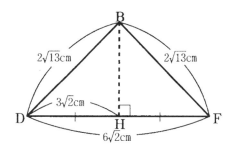

ＢＨ²＝(2√13)²－(3√2)²＝52－18＝34　ＢＨ＞0よりＢＨ＝√34（cm）　よって，△ＢＦＤ＝6√2×√34×$\dfrac{1}{2}$＝

3×$\sqrt{2×34}$＝3×2√17＝6√17（cm²）　①＝②より6√17×h×$\dfrac{1}{3}$＝24　2√17×h＝24　h＝$\dfrac{24}{2\sqrt{17}}$＝

$\dfrac{12\sqrt{17}}{17}$（cm）

〔11〕

《解答》

(1) 辺CD, DE　(2) $6\sqrt{2}$(cm^2)　(3) $\dfrac{8\sqrt{7}}{3}$ (cm^3)

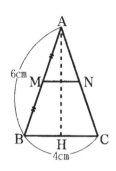

《解説》

(1) ねじれの位置にある辺は同じ平面上になく交わらない辺である。

(2) △ABCで, 中点連結定理からMN=2(cm)　AH=$\sqrt{6^2-2^2}=\sqrt{32}=4\sqrt{2}$(cm)

　このとき, 台形MBCNの高さは$2\sqrt{2}$cm, よって, $\dfrac{1}{2}\times(2+4)\times2\sqrt{2}=6\sqrt{2}$(cm^2)

(3) A, C, E, Mを頂点とする立体の体積は(三角すいA－BCE)

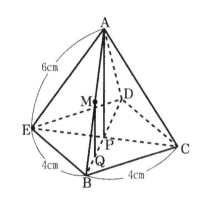

　－(三角すいM－BCE)で求めることができる。正方形の対角線の

　交点をP, またMから底面に向かって垂線MQをひく。

　AP=$\sqrt{AB^2-BP^2}=\sqrt{6^2-(2\sqrt{2})^2}=\sqrt{36-8}=\sqrt{28}=2\sqrt{7}$(cm)

　MQは△ABPにおいて中点連結定理から$\sqrt{7}$(cm)

　よって, (三角すいA－BCE)=$4\times4\times\dfrac{1}{2}\times2\sqrt{7}\times\dfrac{1}{3}=\dfrac{16\sqrt{7}}{3}$ (cm^3)

　(三角すいM－BCE)=$4\times4\times\dfrac{1}{2}\times\sqrt{7}\times\dfrac{1}{3}=\dfrac{8\sqrt{7}}{3}$ (cm^3)

　求める体積は$\dfrac{16\sqrt{7}}{3}-\dfrac{8\sqrt{7}}{3}=\dfrac{8\sqrt{7}}{3}$ (cm^3)

〔**12**〕

《解答》

(1) ＡＥ＝$4\sqrt{2}$(cm)，ＡＦ＝$4\sqrt{5}$(cm)　(2) $\dfrac{63}{4}$(cm²)　(3) $4\sqrt{15}$(cm²)　(4) $\dfrac{5\sqrt{15}}{4}$(cm³)

《解説》

(1) ＡＥ…△ＡＢＥは直角二等辺三角形だから，ＡＥ＝$\sqrt{2}$ＡＢ＝$\sqrt{2}\times4=4\sqrt{2}$(cm)

ＡＦ…直角三角形ＡＦＣで，ＡＦ^2＝ＡＣ^2＋ＣＦ^2＝$8^2+4^2=64+16=80$　ＡＦ＞0より，ＡＦ＝$\sqrt{80}=\sqrt{4^2\times5}=$

$4\sqrt{5}$(cm)

(2) ＰＱ：ＣＦ＝ＡＰ：ＡＣより，ＰＱ：4＝1：8，8ＰＱ＝4，ＰＱ＝$\dfrac{1}{2}$(cm)

また，ＰＣ＝$8-1=7$(cm)

四角形ＰＱＦＣは台形だから，面積は，$\left(\dfrac{1}{2}+4\right)\times7\div2=\dfrac{9}{2}\times\dfrac{7}{2}=\dfrac{63}{4}$(cm²)

(3) 右の図のように，頂点Ｃから辺ＡＢに垂線ＣＨをひくと，△ＡＢＣは

二等辺三角形だから，ＡＨ＝ＢＨ＝$4\div2=2$(cm)

直角三角形ＡＨＣで，ＣＨ^2＝ＡＣ^2－ＡＨ^2＝$8^2-2^2=64-4=60$，

ＣＨ＝$\sqrt{60}=\sqrt{2^2\times15}=2\sqrt{15}$(cm)

よって，△ＡＢＣ＝$\dfrac{1}{2}\times4\times2\sqrt{15}=4\sqrt{15}$(cm²)

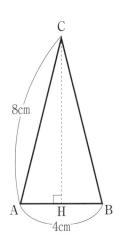

(4) 三角すいＥ－ＡＤＦと四角すいＥ－ＡＤＲＱの高さは等しいから，体積の比は底面積の比になる。

ＤＦ：ＲＦ＝8：7より，△ＡＤＦ：△ＱＲＦ＝$8^2:7^2=64:49$　これより，△ＡＤＦ：四角形ＡＤＲＱ＝64：(64

－49)＝64：15　また，三角すいＥ－ＡＤＦの体積は，△ＤＥＦを底面，辺ＡＤを高さとして，(3)より

△ＤＥＦ＝△ＡＢＣ＝$4\sqrt{15}$cm²だから，$\dfrac{1}{3}\times4\sqrt{15}\times4=\dfrac{16\sqrt{15}}{3}$(cm³)　よって，四角すいＥ－ＡＤＲＱの体

積は，$\dfrac{16\sqrt{15}}{3}\times\dfrac{15}{64}=\dfrac{5\sqrt{15}}{4}$(cm³)

〔**13**〕

《解答》

(1) $6\sqrt{2}$ (cm)　(2) $18\sqrt{6}$ (cm²)　(3) 36 (cm³)　(4) $\sqrt{21}$ (cm)

《解説》

(1)　ＰＱ＝ＢＤである。△ＡＢＤは直角二等辺三角形だから，ＢＤ＝$\sqrt{2}$ＡＢ＝$\sqrt{2}\times 6=6\sqrt{2}$ (cm)　よって，

ＰＱ＝$6\sqrt{2}$ (cm)

(2)　四角形ＣＱＥＰは，4辺が等しいことと2つの対角線の長さが異なることから，ひし形である。面積は，

ＰＱ×ＣＥ÷2で求めることができる。ＥＧ＝ＢＤだから，ＣＥ²＝ＣＧ²＋ＥＧ²＝6²＋$(6\sqrt{2})^2$＝36＋72＝108，

ＣＥ＝$\sqrt{108}=\sqrt{6^2\times 3}=6\sqrt{3}$ (cm)　よって，四角形ＣＱＥＰの面積は，$6\sqrt{2}\times 6\sqrt{3}\div 2=18\sqrt{6}$ (cm²)

(3)　ＥＧとＦＨの交点をＩとする。立体ＥＰＱＨＦは，四角形ＰＱＨＦを底面，ＥＩを高さとする四角すい

になる。四角形ＰＱＨＦの面積は，ＰＦ×ＰＱ＝$3\times 6\sqrt{2}=18\sqrt{2}$ (cm²)　また，ＥＩ＝$\frac{1}{2}$ＥＧ＝$\frac{1}{2}\times 6\sqrt{2}=$

$3\sqrt{2}$ (cm)だから，立体ＥＰＱＨＦの体積は，$\frac{1}{3}\times 18\sqrt{2}\times 3\sqrt{2}=36$ (cm³)

(4)　ＰＱとＣＥの交点をＪとし，点Ａと点Ｃ，点Ｊと点Ｒをそれぞれ結ぶと，ＡＣ∥ＪＲとなる。よって，

ＣＳ：ＪＳ＝ＣＡ：ＪＲ＝2：1　ＣＪ＝$\frac{1}{2}$ＣＥ＝$\frac{1}{2}\times 6\sqrt{3}=3\sqrt{3}$ (cm)　ＪＳ＝$\frac{1}{3}$ＣＪ＝$\frac{1}{3}\times 3\sqrt{3}=\sqrt{3}$ (cm)

また，ＰＪ＝$\frac{1}{2}$ＰＱ＝$\frac{1}{2}\times 6\sqrt{2}=3\sqrt{2}$ (cm)　ＣＥとＰＱはひし形ＣＱＥＰの対角線なので，垂直に交わる

から，∠ＳＪＰ＝90°　したがって，直角三角形ＳＪＰで，ＰＳ²＝ＪＳ²＋ＰＪ²＝$(\sqrt{3})^2+(3\sqrt{2})^2$＝3＋18

＝21　ＰＳ＞0より，ＰＳ＝$\sqrt{21}$ (cm)

〔1〕

《解答》

(1)X　$m+1$　Y　$2m+2$　Z　$m(m+1)$　　(2)　2550

(3)①　n^2　②　$\dfrac{(n+20)(n-19)}{2}$

《解説》

(1)　X…最も小さい1と最も大きいmの和になる。

　　Y…2と$2m$の和になるので，$2m+2$

　　Z…$(2m+2)\times m\div2＝m(m+1)$

(2)　$2m＝100$より，$m＝50$　(1)のZの式へ代入し，$50\times(50+1)＝50\times51＝2550$

(3)①　1から$2n-1$までの連続する奇数の和である。1から$2n-1$までの連続する奇数の個数はn個だから，和は，$\{1+(2n-1)\}\times n\div2＝2n\times n\div2＝n^2$

　　②　20からnまでの連続する自然数の個数は$n-19$(個)だから，$(20+n)(n-19)\div2＝\dfrac{(n+20)(n-19)}{2}$

〔2〕

《解答》

(1)ア　72　イ　6　　(2)ウ　$100a$　エ　$33a+3b+m$

(3)(説明)

　　3けたの整数の百の位の数をa，十の位の数をb，一の位の数をcとすると，3けたの整数は，

　　$100a+10b+c$…①と表される。

　　また，下2けたが4の倍数だから，mを整数とすると，

　　$10b+c＝4m$…②

　　②を①に代入すると，$100a+4m＝4(25a+m)$

　　$25a+m$は整数だから，$4(25a+m)$は4の倍数である。

　　したがって，下2けたが4の倍数である3けたの整数は4の倍数である。

《解説》

(1)ア　$216\div3＝72$

　　イ　3の倍数でもあり4の倍数でもある数は，2，3，4，$3\times2＝6$，$3\times4＝12$の倍数でもある。

(2)　3の倍数であることは，式を変形したときの形が $3\times(整数)$ になることを示せばよい。

(3)　下2けたの数$10b+c$を整数mを使って$4m$と表せるかどうかがポイント。

〔**3**〕

《解答》

(1) 3 (2) イ $n+1$ ウ $n+6$ エ $n+7$

(3)（正答例） 右上と左下の数の積から，左上と右下の数の積をひくと，

$$(n+6)(n+1)-n(n+7)$$
$$=(n^2+7n+6)-(n^2+7n)$$
$$=n^2+7n+6-n^2-7n$$
$$=6$$

したがって，つねに一定の数6になる。

《解説》

(1) 横に並んでいる数は6ずつ大きくなるから，真ん中の数をaとすると，3つの数の和は，

$(a-6)+a+(a+6)=3a$　よって，3の倍数になる。

(2), (3) 解答を参照

〔**4**〕

《解答》

(1) 5

(2) b 4, c 6, d 24

(3) e $6-n$, f $8-n$, g $n^2-14n+48$

(4) $xy-3x-3y+9$（個）

《解説》

(1) 1辺が1cm，2cm，3cm，4cm，5cmの5種類の正方形がある。

(2) 左上の頂点の●印は，右のようになる。

(3) 縦1列の点の個数は，

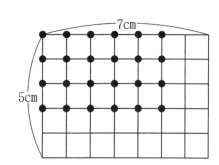

　1辺が1cmのとき，5＝6−1

　　　2cmのとき，4＝6−2

　　　3cmのとき，3＝6−3

　　　4cmのとき，2＝6−4

のように求めることができるから，$n$cmのときは，$(6-n)$個となる。同じように，横1列の点の個数は，

$7+1-n=8-n$（個）

よって，$(6-n)(8-n)=48-6n-8n+n^2=n^2-14n+48$

(4) 点の個数を(3)と同じようにして求めると，縦1列に，$x+1-4=x-3$（個），横1列に$y+1-4=y-3$（個）

だから，正方形の個数は，$(x-3)(y-3)=xy-3x-3y+9$（個）

〔**5**〕

《解答》

(1) 12(分後)　(2)① 右の図　② エ　③あ 9　い 12

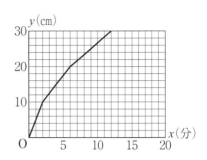

《解説》

(1)〔求め方〕図2のグラフで，$y=20$ のときの x 座標を読むと，12　よって，水を入れ始めてから12分後。

（別の求め方）

図1の水そうの底面積は，$20×30=600（cm^2）$ だから，図1の水そうに水を入れ始めてから，x 分後の水面の高さは，$(1000×x)÷600=\dfrac{5}{3}x（cm）$　よって，$y=\dfrac{5}{3}x$　これは図2のグラフの式でもある。$y=\dfrac{5}{3}x$ に $y=20$ を代入すると，$20=\dfrac{5}{3}x$　$x=12$（分後）

(2)① 水を入れ始めてから水面の高さが10cmになるまでの間は，水が入る部分の底面積は，$20×10=200（cm^2）$ だから，水面の高さが10cmになるのは，水を入れ始めてから，$(200×10)÷1000=2$（分後）　次に，水面の高さが10cmから20cmになるまでの間は，水が入る部分の底面積は，$20×20=400（cm^2）$ だから，水面の高さが20cmになるのは，水を入れ始めてから，$2+(400×10)÷1000=6$（分後）　さらに，水面の高さが20cmから30cmになるまでの間は，水が入る部分の底面積は，$20×30=600cm^2$ だから，水面の高さが30cmになるのは，水を入れ始めてから，$6+(600×10)÷1000=12$（分後）　それぞれの範囲で，水面の高さが高くなる速さは一定だから，4点$(0, 0)$，$(2, 10)$，$(6, 20)$，$(12, 30)$ を順に線分で結べばよい。

② 図5のグラフの傾きは，$0≦y≦10$ と $10≦y≦30$ の範囲で異なる。まず，$0≦y≦10$ の範囲について，水を入れ始めてから3分後に水面の高さが10cmになっているから，この間の，水が入る部分の底面積は，$(1000×3)÷10=300（cm^2）$　$(600-300)÷10^2=3$ より，一番下の段に置かれているおもりは3個とわかる。次に，$10≦y≦30$ の範囲について，$11-3=8$（分）で水面の高さが20cm高くなっているから，この間の，水が入る部分の底面積は，$(1000×8)÷20=400（cm^2）$　$(600-400)÷10^2=2$ より，真ん中の段と一番上の段に置かれているおもりはそれぞれ2個とわかる。

これらの条件を満たす水そうの図は，エ。

③ 右の図のように，図5のグラフに図2のグラフをかき加えて考える。ケンさんの水そうの水面の高さは，30cmになった後は変わらないから，図5のグラフには，$11≦x≦18$ の範囲で，$y=30$ のグラフをかき足してある。この図から，y 座標の差が10となる x の値は，$3≦x≦11$ と $11≦x≦18$ の範囲にそれぞれ1つずつあることがわかる。図5の $3≦x≦11$ のグラフの式は，2点$(3, 10)$，$(11, 30)$ を通ることから，$y=\dfrac{5}{2}x+\dfrac{5}{2}$ と求められる。図2のグラフの式は $y=\dfrac{5}{3}x$ だから，

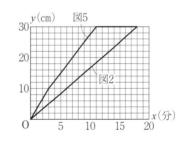

$\left(\dfrac{5}{2}x+\dfrac{5}{2}\right)-\dfrac{5}{3}x=10$　これを解くと，$x=9$

図5の $11≦x≦18$ のグラフの式は $y=30$ だから，$30-10=20$ より，図2のグラフで $y=20$ のときの x の値を求めればよい。これは(1)より，$x=12$ である。以上のことから，9分後と12分後。

〔**6**〕

《解答》

(1)(証明)(正答例)

　　△ＡＢＣと△ＤＥＦにおいて，

　　ＡＢ：ＤＥ＝4：6＝2：3　　　　　　……①

　　ＢＣ：ＥＦ＝8：12＝2：3　　　　　……②

　　①，②より，　ＡＢ：ＤＥ＝ＢＣ：ＥＦ　……③

　　仮定より，　　∠ＡＢＣ＝∠ＤＥＦ＝90°……④

　　③，④より，2組の辺の比とその間の角がそれぞれ等しいから，

　　　　　　　　　　△ＡＢＣ∽△ＤＥＦ

(2)① 9　② $\frac{1}{4}x^2$　③ウ 3　エ $2\sqrt{2}$　オ $\frac{44}{3}$

《解説》

(1) 2組の辺の比が求められ，その比が等しいから，三角形の相似条件「2組の辺の比とその間の角がそれぞれ等しい。」が使えそうだと見通しを立てる。

(2)① 辺ＡＣと辺ＤＥの交点をＧとすると，2つの三角形が重なった部分は△ＣＥＧである。ＡＢ∥ＧＥだから，ＡＢ：ＧＥ＝ＣＢ：ＣＥ，4：ＧＥ＝8：6，8ＧＥ＝4×6，ＧＥ＝3(cm)　よって，$y=\frac{1}{2}×6×3=9$

② 0≦x≦8のとき，2つの三角形が重なった部分は△ＣＥＧで，ＣＥ＝1×x＝x(cm)である。ＡＢ∥ＧＥだから，ＡＢ：ＧＥ＝ＣＢ：ＣＥ，4：ＧＥ＝8：x，8ＧＥ＝4x，ＧＥ＝$\frac{1}{2}x$(cm)　よって，$y=\frac{1}{2}×x×\frac{1}{2}x=\frac{1}{4}x^2$

③ウ 問題の図4の状態から点Ｄが辺ＡＣ上にくるまで，2つの三角形が重なった部分の形は(直角)三角形になる。また，点Ｄが辺ＡＣ上にきてから点Ｂが点Ｅに重なるまで，2つの三角形が重なった部分の形は四角形になる。よって，点Ｄが辺ＡＣ上にくるときのxの値を求めればよい。点Ｄが辺ＡＣ上にくるとき，ＣＢ∥ＤＥだから，ＣＢ：ＤＥ＝ＡＢ：ＡＥ，8：6＝4：ＡＥ，8ＡＥ＝6×4，ＡＥ＝3(cm)したがって，$x=3÷1=3$

エ 辺ＡＣと辺ＤＥが交わっているときだから，0≦x≦3のときである。辺ＡＣと辺ＤＥの交点をＨとすると，2つの三角形が重なった部分は△ＡＥＨで，ＡＥ＝1×x＝x(cm)である。ＣＢ∥ＨＥだから，ＣＢ：ＨＥ＝ＡＢ：ＡＥ，8：ＨＥ＝4：x，4ＨＥ＝8x，ＨＥ＝2x(cm)　よって，$y=\frac{1}{2}×x×2x=x^2$

ここで，△ＡＢＣ＝$\frac{1}{2}×8×4=16$(cm²)だから，$x^2=16÷2$より，$x^2=8$，$x=±\sqrt{8}=±2\sqrt{2}$　0≦x≦3だから，$x=2\sqrt{2}$

オ 右の図のように，辺ＡＣと辺ＤＦの交点をＩ，点Ａを通り辺ＢＣに平行な直線と辺ＤＦとの交点をＪ，点Ｉを通り辺ＢＣに平行な直線と辺ＥＦとの交点をＫとする。ＤＥ∥ＪＡだから，ＤＥ：ＪＡ＝ＦＥ：ＦＡ，6：ＪＡ＝12：(12－4)，12ＪＡ＝6×8，ＪＡ＝4(cm)　また，ＣＤ∥ＪＡだから，ＤＩ：ＩＪ＝ＣＤ：ＪＡ＝(8－6)：4＝1：2　さらに，ＤＢ∥ＩＫ∥ＪＡだから，ＢＫ：ＫＡ＝ＤＩ：ＩＪ＝1：2　よって，ＢＫ＝ＡＢ×$\frac{1}{1+2}=4×\frac{1}{3}=\frac{4}{3}$(cm)　2つの三角形が重なった部分は四角形ＤＢＡＩで，この面積は，△ＡＢＣの面積から△ＣＤＩの面積をひいて求められる。したがって，$y=16-\frac{1}{2}×2×\frac{4}{3}=\frac{44}{3}$

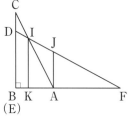

〔7〕

《解答》

(1)ア $\frac{9}{4}$　イ -5　ウ $\frac{125}{4}$

(2)(説明)(正答例)

　（辺PQが共通な△OPQと△RPQがあり，2点O，Rが直線PQについて同じ側にあるので，）

　点Pの座標は$(-4,\ 4)$，点Qの座標は$(6,\ 9)$，点Rの座標は$(2,\ 1)$となる。

　よって，直線PQの傾きは，$\frac{9-4}{6-(-4)}=\frac{1}{2}$，直線ORの傾きは，$\frac{1-0}{2-0}=\frac{1}{2}$となる。

　傾きが等しいから，PQ∥OR

　したがって，△OPQ＝△RPQ

《解説》

(1)ア　$y=\frac{1}{4}x^2$に$x=3$を代入すると，$y=\frac{1}{4}\times3^2=\frac{9}{4}$

　イ　PQ∥x軸になるとき，点Pと点Qのy座標は等しい。また，$y=\frac{1}{4}x^2$のグラフはy軸について対称だから，

　　点Pと点Qのx座標の絶対値は等しく，点Qのx座標をqとすると，点Pのx座標は$-q$と表される。よって，

　　$q-(-q)=10$，$2q=10$，$q=5$　したがって，点Pのx座標は-5

　ウ　△OPQの底辺をPQとすると，高さは点Qのy座標より，$y=\frac{1}{4}\times5^2=\frac{25}{4}$となる。PQ＝$5-(-5)=10$

　　だから，△OPQ＝$\frac{1}{2}\times10\times\frac{25}{4}=\frac{125}{4}$

(2)　リエさんの考え方を使うためには，PQ∥ORとなることが言えればよい。そのために，それぞれの直線の傾きを求め，傾きが等しいことを示す。

〔**8**〕

《解答》

(1) 67

(2)(証明)（正答例）

　　△ＢＣＤと△ＣＥＢにおいて，

　　円の接線は，その接点を通る半径に垂直だから，　∠ＢＣＤ＝90°　　……①

　　半円の弧に対する円周角だから，　　　　　　　　∠ＣＥＢ＝90°　　……②

　　①，②より，　　　　　　　　　　　　　　　　∠ＢＣＤ＝∠ＣＥＢ　……③

　　ＡＢ／／ＣＥより，平行線の錯角は等しいから，　∠ＤＢＣ＝∠ＢＣＥ　……④

　　③，④より，2組の角がそれぞれ等しいから，　　△ＢＣＤ∽△ＣＥＢ

(3) $2\sqrt{3}$

(4)(証明)（正答例）

　　△ＡＢＣと△ＢＡＰにおいて，

　　共通な辺だから，ＡＢ＝ＢＡ　　……①

　　仮定より，　　　ＡＣ＝ＢＰ　　……②

　　　　　　　　　∠ＢＡＣ＝∠ＡＢＰ　……③

　　①，②，③より，2組の辺とその間の角がそれぞれ等しいから，△ＡＢＣ≡△ＢＡＰ

　　合同な図形では，対応する角の大きさは等しいから，∠ＡＣＢ＝∠ＢＰＡ　……④

　　2点Ｃ，Ｐが直線ＡＢについて同じ側にあることと④より，4点Ａ，Ｂ，Ｃ，Ｐは同じ円周上にある。

　　したがって，点Ｐは円Ｏの円周上にある。

《解説》

(1) △ＡＢＣはＡＢ＝ＡＣの二等辺三角形だから，∠ＡＢＣ＝∠ＡＣＢ＝(180°−46°)÷2＝67°

(2) 円の接線は，その接点を通る半径に垂直であること，半円の弧に対する円周角は90°であること，平行
　　線の錯角は等しいことを使って，2組の角がそれぞれ等しいことを導く。

(3) △ＢＣＤ∽△ＣＥＢだから，ＢＣ：ＣＥ＝ＢＤ：ＣＢ，ＢＣ：6＝8：ＢＣ，ＢＣ²＝48　ＢＣ＞0だから，
　　ＢＣ＝$\sqrt{48}$＝$4\sqrt{3}$(cm)　よって，円Ｏの半径は，$4\sqrt{3}$÷2＝$2\sqrt{3}$(cm)

(4) 点Ｐが円Ｏの円周上(3点Ａ，Ｂ，Ｃと同じ円周上)にあることを証明するためには，∠ＡＣＢ＝∠ＡＰＢ
　　であることを示して，円周角の定理の逆を使えばよい。

〔**9**〕

《解答》

(1) 73

(2)(証明)(正答例)

　　△ＡＢＤと△ＦＤＥにおいて，

　　四角形ＡＢＣＤは長方形だから，　　　　　　　　∠ＢＡＤ＝∠ＢＣＤ＝90°　　……①

　　折り返した角だから，　　　　　　　　　　　　∠ＢＦＥ＝∠ＢＣＤ＝90°

　　よって，　　　　　　　　　　　　　　　　　　∠ＤＦＥ＝90°　　　　　　……②

　　①，②より，　　　　　　　　　　　　　　　　∠ＢＡＤ＝∠ＤＦＥ　　　　……③

　　ＡＢ∥ＤＣより，平行線の錯角は等しいから，　∠ＡＢＤ＝∠ＦＤＥ　　　　……④

　　③，④より，2組の角がそれぞれ等しいから，　△ＡＢＤ∽△ＦＤＥ

(3) $2-\sqrt{2}$

(4)(証明)(正答例)

　　折り返した線分だから，ＢＬ＝ＢＣ＝$\sqrt{2}$(m)

　　△ＡＢＬにおいて，ＡＬ^2＝ＢＬ^2－ＡＢ^2＝$(\sqrt{2})^2$－1^2＝2－1＝1

　　ＡＬ＞0だから，ＡＬ＝$\sqrt{1}$＝1(m)

　　よって，△ＡＢＬはＡＢ＝ＡＬの直角二等辺三角形であり，∠ＡＬＢ＝45°

　　∠ＤＬＫ＝180°－45°－90°＝45°だから，△ＤＬＫも直角二等辺三角形となり，ＤＫ＝ＤＬ＝$\sqrt{2}$－1(m)

　　したがって，台形ＡＢＫＤの面積は，$\frac{1}{2}\times\{(\sqrt{2}-1)+1\}\times\sqrt{2}=\frac{1}{2}\times\sqrt{2}\times\sqrt{2}=1$(m²)

《解説》

(1) 折り返した角だから，∠ＢＦＥ＝∠ＢＣＥ＝90°，∠ＦＢＥ＝∠ＣＢＥ＝(90°－56°)÷2＝17°　よって，
　　∠ＢＥＦ＝180°－(90°＋17°)＝73°

(2) 長方形の性質や，折り返した角は等しいこと，平行線の錯角は等しいことを使って，2組の角がそれぞ
　　れ等しいことを導く。

(3) 四角形ＧＨＣＤが正方形だから，ＧＤ＝ＤＣ＝1m　よって，ＡＧ＝ＡＤ－ＧＤ＝$\sqrt{2}$－1(m)　折り返
　　した線分だから，ＩＧ＝ＡＧ＝$(\sqrt{2}-1)$m　したがって，ＤＩ＝ＧＤ－ＩＧ＝1－$(\sqrt{2}-1)$＝1－$\sqrt{2}$＋1
　　＝$2-\sqrt{2}$(m)

(4) 線分ＤＫの長さがわかれば，台形ＡＢＫＤの面積が求められる。まず，三平方の定理を使って，△ＡＢＬ
　　が直角二等辺三角形であることを示す。そのことによって，△ＤＬＫも直角二等辺三角形であることがわ
　　かり，線分ＤＫの長さがわかる。

＜別の証明方法＞

　　線分ＤＫの長さは，次のように求めることもできる。

　　折り返した線分だから，ＢＬ＝ＢＣ＝$\sqrt{2}$m　△ＡＢＬにおいて，ＡＬ^2＝ＢＬ^2－ＡＢ^2＝$(\sqrt{2})^2$－1^2＝2－1＝1
　　ＡＬ＞0だから，ＡＬ＝1(m)　よって，ＤＬ＝$\sqrt{2}$－1(m)　ここで，ＤＫ＝xmとする。折り返した線
　　分だから，ＫＬ＝ＫＣ＝1－x(m)　△ＤＬＫにおいて，ＤＬ^2＋ＤＫ^2＝ＫＬ^{2}より，$(\sqrt{2}-1)^2+x^2=(1-x)^2$，
　　$2-2\sqrt{2}+1+x^2=1-2x+x^2$，$2x=2\sqrt{2}-2$，$x=\sqrt{2}-1$

〔10〕

《解答》

(1) a A，b AC，c AE

(2) d （△）ABQ，e （△）AQP　（またはd （△）QBP，e （△）AQP）

（注）　dとeの三角形は逆になっていてもよい。

(3)（証明）（正答例）

　　△ABQと△QBPにおいて，

　　仮定より，∠ABQ＝∠QBP＝90°···①

　　線分APは円Oの直径で，半円に対する円周角は90°だから，∠AQP＝90°

　　よって，∠AQB＝90°－∠BQP···②

　　また，△QBPにおいて，三角形の内角の和は180°だから，

　　∠QPB＝180°－90°－∠BQP＝90°－∠BQP···③

　　②，③より，∠AQB＝∠QPB···④

　　①，④より，2組の角がそれぞれ等しいので，△ABQ∽△QBP

(4)（証明）（正答例）

　　△ABQ∽△QBPより，対応する辺の比は等しいから，

　　AB：QB＝QB：PB

　　ここで，QB＝xとすると，$1：x＝x：a$，$x^2＝a$，$x＞0$より，$x＝\sqrt{a}$

　　よって，線分BQの長さは$\sqrt{a}$である。

《解説》

(1)　AP＝$\sqrt{2}$，PE＝1となるような直角三角形APEをつくるとよい。

(2)　線分APが円Oの直径なので，∠AQP＝90°である。

　　よって，△ABQと△AQPにおいて，∠ABQ＝∠AQP＝90°，∠QAB＝∠PAQより，2組の角がそれぞれ等しいので，△ABQ∽△AQPとなる。

　　△QBPと△AQPにおいても同様である。

(3)　∠QAB＝∠PQB＝90°－∠AQBを利用してもよい。

(4)　相似な図形の対応する辺の比が等しいことを利用して証明する。